先住民生存捕鯨の文化人類学的研究

国際捕鯨委員会の議論とカリブ海ベクウェイ島の事例を中心に

浜口 尚【著】
Hisashi Hamaguchi

岩田書院

はじめに

私は大学院時代、民族（俗）動物分類について研究していた。ヒクイドリ、センザンコウなどの奇妙に見える動物を、現地の人たちがいかにして彼らの分類体系の中に取り込んでいるのかに関心があった。その分類研究の途中で鯨と出合った。西洋の分類学では鯨は哺乳綱とされ、陸棲動物の仲間である(改めて説明するまでもない当たり前の話である)。

ところが、世界の海洋民族の分類体系を調べていくと、鯨は「サカナ」に分類されるか、あるいは「サカナ」でも「ドウブツ」でもなく、独自のカテゴリーを構成しているのかのいずれかであり、「ドウブツ」と一緒に分類されている事例はなかった。人々の暮らしの中の知的営為から練り上げられた民族分類からすれば、鯨を海の中に棲む生き物である「サカナ」の仲間として考えたのは当然だったのかもしれない。

そのような民族分類研究から始まった私と鯨との関わりは、商業捕鯨の一時停止という時代背景とも重なり合い、いつの間にか鯨そのものよりも鯨を捕るか、捕らないかの問題（捕鯨問題）に移っていった。

世界各地の様々な捕鯨に関する文献を渉猟し、彼の地の捕鯨に思いをめぐらせていたある日、カリブ海にある小島ベクウェイ島の捕鯨について書かれた一編の論文と出合い、その島の捕鯨に魅せられてしまった。手漕ぎのボートに6人が乗り組み、ザトウクジラを追い、手投げ銛で仕留める。まるで『白鯨』の世界である。ぜひこの目で一度見てみたい、そう思ったのは確か1989年か、1990年頃であった。

さて、ベクウェイ島へはどのようにして行くのか。皆目検討がつかない中、手元にあった『プレイガイド・ジャーナル』誌に広告の出ていた旅行会社のマイチケット社に電話をかけてみた。たまたま電話に出てくれたのが、中南米地域についての知識が豊富な梅村尚久さんであった。梅村さんのお世話で、ニューヨーク、バルバドス、セント・ヴィンセント経由でベクウェイ島に渡航できることがわかり、早速航空券の手配をお願いした（残念なことに梅村さんは後に急死された。また、同じく後にマイチケット社の経営者夫妻が大学の同級生であることがわかった。夫人とは1年次に同じ基礎ゼミであった。経営者夫妻との交流は今も続いている)。

とりあえずベクウェイ島に行くことができるようになったが、泊まるところに当てがない。まだ、インターネットがなかった頃の話である。海外の旅行雑誌からベクウェイ島のホテル4軒を探し出し、その4軒に手紙を書いてみた。そのうち2軒から返事が来た。2軒のうち、先に返事が届き、質問にもていねいに答えてくれたホテルに泊まることにし、予約金を航空便で送った（現金を普通郵便で送ることはもちろん違法です）。

1991年2月、私はベクウェイ島に旅立った。ニューヨークからバルバドスまでは経営再建中のパン・アメリカン航空に乗った（パンナム、懐かしい！）。現地に着いてわかったことだが、航空便で予約したホテルの所有者は、セント・ヴィンセントおよびグレナディーン諸島国のミッチェル首相（当時）であった。ホテルではミッチェル首相にもお会いすることができ、調査に関していくつか助言もいただいた。

その泊まったホテルの隣接地では、ミッチェル首相の別れた元夫人が同じくホテルとレストランを経営していた（離婚に伴う財産分与の結果である）。その元夫人は首相夫人当時、来日したことがあり、鯨が取り持つ縁で和歌山県太地町のくじらの博物館を訪れたことがあった（ちなみに私は和歌山県民であり、太地町からは車で2時間程度のところに住んでいる）。

元首相夫人は、日本から遠路はるばる捕鯨文化調査のためにベクウェイ島までやってきた私に興味を持ち、彼女が経営するレストランに招待してくださった。その夜、初めて食べたシュリンプ・クレオールは旨かった。もちろんビールも。

ディナーの席で、元首相夫人からベクウェイ島の唯一の銛手に明日、他の旅行者と会いに行くことになっているが、一緒に来ないかとのお誘いを受けた。もちろん喜んでお受けすることにした。ありがたい話である。

翌日、元首相夫人の紹介で、ベクウェイ島の唯一の銛手アスニール・オリヴィエールさんに出会った。当時は69歳で日曜日を除く毎日、元気に出漁していた。その日、初めてアスニールさんから捕鯨の話を伺った。他の旅行者の手前、一人だけ多くを聞くわけにもいかず、その日は簡単な話で終わった。

次の日、今度は一人でアスニールさん宅を訪ねることにした。さて、どうして行こうか。炎天下、歩いていくには遠すぎる。結局、ホテルと契約しているタクシーを利用することにした。それが当時は兄の下で働いていたタクシー運転手 A.O.さんとの出会いであった（後に彼は独立して自営のタクシー運転手となり、私の貴重なインフォーマントとなった）。

アスニールさん宅からの帰り道、A.O.さんから弟の O.O.さんがアスニールさんの捕鯨ボートに乗り組んでいるとの話を聞いた。この情報に飛びつかないわけがない。今度は A.O.さんに弟 O.O.さんの紹介をお願いした。それから、O.O.さんとも出会い、捕鯨に関わる様々な話を聞くことができ、また何度か捕鯨の航海にも同行させてもらった。

このようにして、幾重もの偶然と幸運のおかげで、私はベクウェイ島での捕鯨文化調査を始めるようになった。その後、1995 年に大学の教員になって以降、平均すれば 2 年に一度はベクウェイ島を訪れ、また国際捕鯨委員会の年次会議にも何度か参加した。研究そのものは遅々として進まなかったが、四半世紀を経て、何とか体裁をつけられるようになった。本書はそのような私のベクウェイ島のザトウクジラ捕鯨を中心とする先住民生存捕鯨研究をまとめたものである。

目　次

図・表・写真一覧

序章

0.1. 本書の目的と構成

本書は国際捕鯨委員会（International Whaling Commission: IWC）において先住民生存捕鯨が確立されてきた歴史的過程を整理、検討したうえで、現在の先住民生存捕鯨が持つ問題点および課題をベクウェイ島の事例に基づいて分析、考察することを主たる目的とする。この目的を達成するために、次の手順で考察を進めていく。

第1章においては、先住民生存捕鯨にかかる先行研究を考察し、本書の出発点とする。

第2章では、まず先住民生存捕鯨を規定している『国際捕鯨取締条約』（*International Convention for the Regulation of Whaling*）附表について、条約締約時（1946年）から先住民生存捕鯨が厳格に確立された第34回年次会議（1982年）までの修正を編年的に追い、先住民生存捕鯨の定義の変遷を精査する。次に、最新の附表（2014年）に基づいて、先住民生存捕鯨が実施されている諸地域および諸民族集団の現況、その捕鯨の実態などを要約、整理して提示する。最後に、先住民生存捕鯨について考察した結果、浮かびあがってきた問題点、課題を取り上げ、本章のまとめとする。

第3章においては、セント・ヴィンセントおよびグレナディーン諸島国ベクウェイ島の先住民生存捕鯨を規定している附表第13項(b)(4)について、それが附表中に追加された第39回年次会議（1987年）から、最新の捕殺枠が承認された第64回年次会議（2012年）までの修正を編年的に追い、捕鯨をめぐる複雑な国際関係の中で、ベクウェイ島のザトウクジラ捕鯨がどのように取り扱われてきたのかを考察する。

第4章では、筆者の現地調査に基づき、ベクウェイ島のザトウクジラ捕鯨に関わる諸事象について報告、分析、考察を進めていく。まず、ベクウェイ島の捕鯨の歴史を略述したうえで、捕鯨活動の現状を詳述する。次に、国際捕鯨委員会における先住民生存捕鯨としてのベクウェイ島のザトウクジラ捕鯨をめぐる議論について、特に筆者が出席した第51回年次会議（1999年）と第54回年次会議（2002年）を取り上げ、舞台裏での話し合いを含めて詳細に報告、分析する。加えて、ベクウェイ島における捕鯨文化と観光開発の関係を取り上げる。最後に、2012年からベクウェイ島において始まった捕鯨をホエール・ウォッチングに転換しようとする運動を批判的に検討する。

第5章においては、本書を総括し、第65回隔年次会議（2014年）[1)]の結果を踏まえたうえで、国際捕鯨委員会における先住民生存捕鯨の取り扱いの将来を展望する。

0.2. 本書の意義

本書の意義として、まず第1回国際捕鯨委員会年次会議（1949年）から第65回隔年次会議（2014年）までの66年間にわたる議論から、先住民生存捕鯨に関わる附表の修正部分を抽出、それらを整理し、綿密に分析、考察したことを強調しておく。この部分は先住民生存捕鯨にかかる考え方の歴史的変遷を総括した学術的に十分利用価値のある資料となっている。

次に、現地調査に基づき、ベクウェイ島における先住民生存捕鯨の実態を明らかにしたことである。先住民生存捕鯨については、「先住民」「生存」という名称がもたらすイメージのために、一般的にはその実態について（意図的であれ、無意識的であれ）画一的に狭く理解しようとする傾向が見受けられる。狭く理解すればするほど、捕鯨を制限できるからである。これに対して、本書は、ベクウェイ島のザトウクジラ捕鯨を分析、考察することにより、多義的で幅広い先住民生存捕鯨の一例を提示することができたと確信している。その事実は、ベクウェイ島における捕鯨文化の擁護継承に役立つはずである。

また、ベクウェイ島の先住民生存捕鯨が議論された国際捕鯨委員会年次会議に出席し、その議論を表と裏から観察、分析することにより、先住民生存捕鯨が科学ではなく政治的に決定されることについても明らかにした。本件は捕鯨の持つ政治性を知るうえで、重要な部分となっている。

0.3. 調査について

ベクウェイ島を中心とするカリブ海地域における現地調査は、1991年2月、1993年3月、1994年4～5月、1997年3月、1998年2～3月、1999年5月、2000年8月、2001年3月、2003年8月、2005年3月、2009年2月、2012年8月、2014年3月に計13回、約4か月間実施した。本調査に基づく報告は次のとおりである（浜口 1995; 1996; 1998; 2001; 2002a; 2002b; 2003; 2004; 2006; 2011; 2012a; 2012b; 2013a; 2013b; 2015; Hamaguchi 1997; 2001; 2005; 2013a; 2013b）。

また、第51回国際捕鯨委員会年次会議（1999年5月、グレナダ、セント・ジョージズ）、第54回年次会議（2002年5月、山口県下関市）、第65回隔年次会議（2014年9月、スロベニア、ポルトロージュ）に参加し、舞台裏での非公式会合（議事録には記録されていないもの）を含めて各種の情報を収集した。一次情報を入手したという意味では、これも一つの現地調査であった。

2014年3月のベクウェイ島における現地調査および、同年9月の第65回国際捕鯨委員会隔年次会議参加にかかる経費については、平成25年度日本学術振興会学術研究助成基金助成金・基盤研究（C）「現代社会における先住民生存捕鯨の社会文化的意義」（研究代表者：浜口尚、課題番号：25370957）を用いた。1997年から2012年までのベクウェイ島における現地調査と、第51回および第54回国際捕鯨委員会年次会議参加にかかる経費については、園田学園女子大学の個人研究費を用いた。その他は自費である。

筆者は今日まで、捕鯨文化の擁護継承をめざす立場から捕鯨民社会の比較研究に従事してきた。本書においてもその一環として先住民生存捕鯨を取り上げている。異文化理解を目的とする文化人類学を専攻する者として、現実に鯨を捕って生活している人々が存在している以上、反捕鯨に与することは自らの学問的立場を否定することになる。筆者としては現地調査を踏まえたうえで、捕鯨民社会の真実の姿を語り、学問的に分析、考察していくことが捕鯨文化の擁護継承に通じると信じている。

0.4. 用いた資料

国際捕鯨委員会における先住民生存捕鯨にかかる議論の分析には、第1回年次会議（1949年）から第65回隔年次会議（2014年）までの年次会議議事録ほかを含む報告書、『国際捕鯨委員会報告』および『国際捕鯨委員会年報』[2]を用いた。

ベクウェイ島に関する資料は、基本的には2014年3月の現地調査までに筆者自身により入手したものを用いた。2014年4月以降については、インターネット情報やEメール等により現地から送付してもらったものを用いた。

その他の文献資料は2014年末時点で入手しえたものを用いた。

注

1）国際捕鯨委員会は1949年の第1回年次会議から2012年の第64回年次会議までは毎年、開催されてきた。その後は隔年開催となり、2014年に第65回隔年次会議が開催された。

2）国際捕鯨委員会の年次会議議事録ほかを含む報告書については、第1回年次会議（1949年）から第49回年次会議（1997年）までは『国際捕鯨委員会報告』（*Report of the International Whaling Commission*）として、第50回年次会議（1998年）以降は、『国際捕鯨委員会年報』（*Annual Report of the International Whaling Commission*）として出版されている。なお第65回隔年次会議（2014年）にかかる報告書については2014年末時点では出版されておらず、国際捕鯨委員会のホームページ上〈http://iwc.int/chairs-reports〉に公開されているPDF版（IWC 2014g）を用いた。通例では、本報告書は第66回隔年次会議（2016年）前には出版されることになっている。

第1章　先住民生存捕鯨研究への視座

本章においては、先住民生存捕鯨研究の出発点として先行研究を整理、検討する。このことにより、問題の所在が明らかになるはずである。

1.1. 用語の問題
—「原住民生存捕鯨」か？　それとも「先住民生存捕鯨」か？—

本書は、『国際捕鯨取締条約』附表において「aboriginal subsistence whaling」として言及されてきた捕鯨を取り扱っている。この「aboriginal subsistence whaling」を、どう日本語に訳するのかについて若干の説明を加えておく。筆者自身も旧著（浜口 2002a）において、無批判的に「原住民生存捕鯨」を用いた経緯がある。しかしながら、その後の研究の過程で「先住民生存捕鯨」が適切であるとの考えに至った。その際、参考にしたのが清水昭俊の研究である。少し長くなるが、彼の文章を引用しておく。

> 「先住（の）indigenous/indigene」は、辞書が示す語義では、「原住（の）native, aboriginal/aborigine」の同義語と見なしてよい。ここで「原住」の訳を与えた語は、植民地で植民者が支配の対象である現地人を指して使った慣用語であり、このコンテクストでは、日本語の「土人、土民」に相当する侮蔑的語感を伴っていた。これに対して「先住民」は、これとはまったく異なるコンテクストで異なる意味をもって形成された言葉である。それは、おおよそ1970年代以降に形成された先住民運動の国際的連帯のコンテクストで、先住民の権利を要求する集合的主体の意味で使われた。（清水 2008: 321）
>
> 英語の環境で「先住民 indigenous peoples」の語が一般に使われるようになる以前に、同じ民を指す言葉としてより一般的だったのは、native(s)ないし aborigine(s)であり、日本の人類学ではこれらに「原住民」の語を

当てていた。これらは、植民地支配に伴って植民地に生じた人的区分を表現する用語であり、入植者から見て支配対象である現地の人びとを意味した。(清水 2008: 436)

清水の研究を踏まえたうえで、「原住民」という用語が持つ植民地主義的イデオロギーとそれがもたらす侮蔑性を再拡散させないために、本書では「aborigine(s)/aboriginal」、「indigene(s)/indigenous」、「native」各語の訳語を、特に訳し分けが必要な場合を除いて、「先住民(の)」で統一する。従って、「aboriginal subsistence whaling」であれ、「indigenous subsistence whaling」であれ、原語の表記にかかわらず、原則的に「先住民生存捕鯨」を用いる。

国際捕鯨委員会においては、『国際捕鯨取締条約』締約時(1946年)から長年にわたり、慣例的に「aborigine(s)/aboriginal」なる語が用いられてきた。その一方、国際捕鯨委員会における議論の膠着状態(捕鯨国と反捕鯨国の対立)を打開するために第62回年次会議(2010年)に提出された議長・副議長による「鯨類保護改善のための総意による合意決定提案」には、「今後、『indigenous subsistence whaling』が『aboriginal subsistence whaling』に代わって用いられる。両用語とも同じ意味を持つものとする」(IWC 2011b: 62)との提案が含まれていた。この提案の背景には、いくつかの締約国が「aboriginal」が持つ否定的、差別的意味合いに懸念を抱いたということがあった(IWC 2014d: 2)[1]。しかしながら、本件提案は総意による一括合意が成立しなかったため、「aboriginal subsistence whaling」が継続されることとなった。

最近では、第65回隔年次会議(2014年)の直前に、先住民生存捕鯨にかかる特別作業部会(Ad Hoc Aboriginal Subsistence Whaling Working Group)が先住民生存捕鯨を実施している先住民諸団体[2]と会合を持ち、意見交換を行った。その際、「aboriginal」という用語の変更も議題の一つとして取り扱われた(IWC 2014d: 1)。同会合において、先住民諸団体は、一般的には用語の変更に反対ではないが、優先度が高い問題ではないとし、またある国は、ラテンアメリカ諸国において「aboriginal」、「indigenous」の二用語は異なって解釈されているので、前者の継続を支持するとの見解を述べた

(IWC 2014d: 2)。同様に第65回隔年次会議の先住民生存捕鯨小委員会においても、アルゼンチン、ブラジル、チリが「aboriginal」の「indigenous」への変更は早計であるとの意見を表明している（IWC 2014c: 4)。

上述のように条約締約国の一部が「aboriginal」の「indigenous」への変更に反対する一方、先住民諸団体はその変更に積極的ではない現状を考えたならば、当面は「aboriginal subsistence whaling」が引き続いて用いられると考えられる。条約締約国の一部は、先住民生存捕鯨を先住民の権利として認めたくないのかもしれない。

1.2. 先住民生存捕鯨に関する先行研究

1.2.1. 日本人研究者による先住民生存捕鯨研究

1.2.1.1. 理論研究

筆者の知りうる限り、日本において最初に先住民生存捕鯨について論じたのは長崎福三である（長崎は後に財団法人日本鯨類研究所の理事長を務めることになる)。長崎は『捕鯨取締条約』(*Convention for the Regulation of Whaling*)（1931年）から第35回国際捕鯨委員会年次会議（1983年）までにおける「原住民捕鯨」(長崎自身による用語）にかかる主要議論を検討したうえで、誰もが納得する原住民捕鯨の定義は困難であり、また捕鯨を「商業捕鯨」と「原住民捕鯨」に二分することにも多くの問題が含まれているとしている（長崎 1984: 111-116)。1984年という早い時期にこれらのことを指摘していた事実は、長崎の研究者としての造詣の深さを物語るものである[3)]。

秋道智彌は「クジラとヒトの多様な関係性」(秋道 1994: iii) を追い求めて、諸民族社会におけるクジラ文化を考察している。先住民生存捕鯨に関連するものとしてチュクチの過去および現在の捕鯨文化、マカーの過去の捕鯨文化を取り上げている（秋道 1994: 149-153, 165-168)。特に、マカー捕鯨に関して「マカーの人びとの暮らしにとってクジラがたいへん重要な意義をもつものであると結論づけることができる」(秋道 1994: 168) とする指摘が、マカーによる捕鯨再開運動の開始以前の1994年になされていたという事実は[4)]、秋道の慧眼を示す一例である。

また、秋道は捕鯨を「商業捕鯨」と「先住民生存捕鯨」に二分することの欺瞞性を指摘し、鯨産物を「小商品」（プティ・コモディティ）とみなすことにより、アラスカ・エスキモーなど先住民における鯨産物の流通の実態をより正しく理解できるとしている（秋道 2009: 131-134）。

高橋順一は、第19回国際捕鯨委員会年次会議（1967年）から第39回年次会議（1987年）までの「議長報告」を分析することにより、「商業捕鯨」と「先住民生存捕鯨」は本質的に科学的なカテゴリーではなく、会議公用語としての英語および英語文化圏が持つ道徳的カテゴリーであることを明らかにした（Takahashi 1998: 251）。英語を話す植民者による生活破壊の犠牲者となった先住民への贖罪のため、先住民による捕鯨が特別扱いされたのである。高橋によれば、先住民生存捕鯨の理想の原型として用いられたのがアラスカのホッキョククジラ捕鯨であり、アラスカ・エスキモーが究極の先住民生存捕鯨民となり、彼らを基準として他の捕鯨民が判断された（Takahashi 1998: 244）。当然のことではあるが、理想像は純粋でなければならず、汚れはあってはいけない。その結果、アラスカ・エスキモーのホッキョククジラ捕鯨から現金を伴う鯨産物の流通は、可能な限り取り除かれるのである。1987年までに承認され、実施されていた他の先住民生存捕鯨（デンマーク領グリーンランドにおける捕鯨とソ連邦チュコト地域における捕鯨）[5)]は、理想像の周辺部に置かれた付け足しである。従って、「三つの先住民捕鯨全てに同等に当てはまるであろう明確で科学的に客観的な先住民生存捕鯨の定義は可能ではない」（Takahashi 1998: 244）のが当然なのである。

岩崎まさみは、国際捕鯨委員会における議論の分析と文献調査に基づいて、先住民生存捕鯨に関する一連の論考を発表している。岩崎は独自の視点から「aboriginal subsistence whaling」を「先住民生存捕鯨」と訳する従来の傾向に一線を画し、「先住民・生業捕鯨」（岩崎 2001: 11）なる訳語を継続して用いている。確かに「生業」のほうがより先住民捕鯨の実態を反映しているのかもしれない。この用語の問題を追究するためには「subsistence」概念の精緻化が必要であり、本件については筆者の力量を超えるので、ここでは深入りはしない。

岩崎は、第38回年次会議（1986年）から第44回年次会議（1992年）までの日本国政府により国際捕鯨委員会に提出された文書を分析し、日本国政府は当初、先住民生存捕鯨の枠内において小型沿岸捕鯨の再開をめざしていたが、後に小型沿岸捕鯨は「商業捕鯨」でも「先住民生存捕鯨」でもない第３のカテゴリーとして位置づけられ、その新カテゴリーの下で小型沿岸捕鯨の再開をめざす方針に政策転換がされたことを明らかにしている（岩崎 2005: 64-95）。この日本国政府の政策転換の主たる根拠となったのが、秋道、高橋、岩崎らが参加した国際会議[6]の報告書『くじらの文化人類学―日本の小型沿岸捕鯨―』（Akimichi et al. 1988; フリーマン 1989）であった。本報告書については次項において取り上げる（1.2.2.参照）。

また、岩崎はグリーランドの先住民生存捕鯨における商業性の問題（岩崎 2010: 28-29; 2011: 213-214）や先住民生存捕鯨としてのマカー捕鯨再開にかかる問題（岩崎 2011: 214-216）を考察し、特に前者については、反捕鯨国が先住民による捕鯨の継続を阻止するために商業性の問題を繰り返し持ち出していると指摘している（岩崎 2010: 28-29）。

大曲佳世は「政治的資源としての鯨」という視点から反捕鯨国および反捕鯨団体の行動を分析している。鯨類保護を主張することにより、反捕鯨国政府は他のより大きな環境問題から国民の目をそらすことができ、また反捕鯨団体も大衆から活動資金を集めることができる（大曲 2002: 246-250; 2003: 435-438; Ohmagari 2005: 159-162）。反捕鯨国、反捕鯨団体の双方にとって、鯨は利用価値が非常に高い政治的資源となっている。

大曲は直接、先住民生存捕鯨を取り扱ったわけではないが、鯨を政治的資源とした彼女の分析は、反捕鯨国が鯨類資源の健全性の評価にかかわらず（すなわち資源量が豊富であろうが、なかろうが）、ある捕鯨については「商業捕鯨」として反対し、他の捕鯨については「先住民生存捕鯨」として容認するという非一貫性の理解に役立つのである。

1.2.1.2. 地域研究

先住民生存捕鯨が実施されている４か国５地域（民族集団）のうち（図２-１、表２-１A、表２-１B参照）、2014年時点において日本人による現地調査に基づく研究が発表されているのは、アメリカ合衆国アラスカ州に居住する先住民（イヌピアット、ユピート）によるホッキョククジラ捕鯨、ロシア連邦チュコト自治管区に居住する先住民（チュクチ、ユピート）によるコククジラ捕鯨、セント・ヴィンセントおよびグレナディーン諸島国ベクウェイ島民によるザトウクジラ捕鯨だけであり、アメリカ合衆国ワシントン州に居住する先住民（マカー）によるコククジラ捕鯨と、デンマーク領グリーンランドに居住する先住民（カラーリット）によるナガスクジラ、ミンククジラ、ホッキョククジラ、ザトウクジラ捕鯨については、現地調査に基づく研究は発表されていない。

近年、アメリカ合衆国アラスカ州における先住民生存捕鯨については、岸上伸啓が一連の論考を発表している（岸上 2007; 2008a; 2008b; 2009a; 2009b; 2011a; 2011b; 2012a; 2012b; 2014a, 2014b）。その研究対象は広範囲に及び、簡単にはレヴューできない。岸上の研究テーマの一つはホッキョククジラの慣習的分配法に関わるものであり、分配の過程（岸上 2007: 125–126）、分配法の通時的・共時的変遷（岸上 2012a: 157–159）、分配の特徴（岸上 2012a: 167–170）、分配の継続理由とその機能（岸上 2012a: 170–172）などが綿密に考察されている。規則化された分配の結果、鯨産物の約 95％は捕殺に成功した捕鯨グループ以外のコミュニティ内の他者に提供され、捕殺に成功したグループが自由に利用できるのは 5％余りという分析結果は（岸上 2012a: 167）、慣習的分配法がイヌピアット社会において果たしている役割の大きさを知るうえで興味深い。この鯨産物の他者への大量分配は、捕鯨キャプテンに寛大な人間としての社会的威信を与えており、それが捕鯨キャプテンのイヌピアット社会における政治的立場を強めているのである（岸上 2012b: 9）。

岸上の聞き取り調査によれば、捕鯨活動の初期投資（ウミアック、金属製ボート、船外機、スノーモービルなど最低限必要な道具類）として 800 万円程度が必要であり、さらに毎年の春季捕鯨と秋季捕鯨の実施経費に 400 万円はかかる（岸上 2014b: 127, 129）。しかしながら、鯨肉・脂皮などの鯨産物を現金販売できないため、イヌピアットは他の仕事や年金、石油会社や州からの配当金などで得た現金を捕鯨活動につぎ込んでいるのである（岸上 2014b: 54）。この指摘は、鯨産物の現金販売により捕鯨活動の必要経費を賄うことができないアメリカにおける先住民生存捕鯨の矛盾点を、見事に描き出している。

また、岸上はイヌピアットの食生活・食文化についても考察している。ホッキョククジラ料理の基本は「生」「冷凍」「発酵」「煮る」「焼く」であり、鯨肉とマクタックはイヌピアットにとって文化的にも栄養学的にも価値が高い食料であるとしている（岸上 2008a: 55–56）。特に鯨肉の発酵料理は、ナルカタックやアプガウティなどの春季捕鯨の成功を祝う祭り（祝宴）において不可欠な伝統料理であり、この伝統料理を食することによって、イヌピアットはイヌピアットとしてのアイデンティティを再確認しているのである（岸上 2011a: 102–106）。

さらに、岸上は「鯨は汚れ・攻撃的な人間・ケチを嫌悪する」と考えるイヌピアットの鯨観、猟師とその妻が動物やその他の人間に対して適切な行動を取れば、動物（ホッキョククジラ）はその命を猟師に差し出すとするイヌピアットの世界観も明らかにしている（岸上 2008b: 150; 2009b: 65–66）。

このようなイヌピアットによるホッキョククジラ捕鯨の文化的複合を総括した民族誌が『北極海の狩人たち―クジラとイヌピアットの人々―』（岸上 2011b）と『クジラとともに生きる―アラスカ先住民の現在―』（岸上 2014b）である。

岸上以外のアラスカ州における先住民生存捕鯨に関わる研究としては、藤島法仁と松田惠明、生田博子、榊原千絵らの研究がある（藤島・松田 2001; Ikuta 2007; Sakakibara 2010）。

藤島と松田は1998年時点において、アラスカ州でホッキョククジラ捕鯨が継続している事実が、アラスカ先住民の必要性に応えると同時に鯨類資源の持続的利用を可能にした資源管理の成功例を示すものであるとしている（藤島・松田 2001: 22）。そしてその資源管理の成功は、アラスカ・エスキモー捕鯨委員会（Alaska Eskimo Whaling Commission: AEWC）とアメリカ合衆国政府による共同管理の成果によるものであり、特にAEWCが捕獲効率の改善、資源量推定の精緻化、規制執行能力の強化に果たした役割は大きかったとしている（藤島・松田 2001: 31–32, 39）。これらの指摘が正しかったことは、2014年時点でもアラスカ州において先住民によるホッキョククジラ捕鯨が継続しているという事実によって例証されている。

生田はイヌピアット社会において、20世紀初頭に中断するも1988年に復

活再生した *Kivgiq*（Messenger Feast:「使者祭」）の現代的意義について考察している。かつて使者祭は捕鯨に大成功を収めた捕鯨シーズンに、捕鯨キャプテンによって「大交易祝祭」として実施されていた。それはイヌピアットが交易し、贈物を交換、交易関係と親族の絆を再確認し、踊りや物語を楽しむ広大な祭り、すなわち経済的な交換を促進し、地域間の連帯を確認、再生する祭りであった（Ikuta 2007: 347）。これに対して復活再生後の使者祭は、伝統的なものと現代的なものを混合させた祝祭として、ノース・スロープ郡ほかが主要スポンサーとなり、バローにおいてのみ実施されている。現代版使者祭は、かつての大交易祝祭というよりも、イヌピアットのヒーリング、希望の一部を形成し、民族的文化的自尊心を強化するものとなっている（Ikuta 2007: 344, 352–353）。かつての使者祭が実施されていた当時は、ベーリング海、北極海一帯において、非先住民（西洋人）によるホッキョククジラを対象とした商業捕鯨が実施されており、先住民もそれらの商業捕鯨に関わっていた（Brewster 2004: 29–30）。従って、先住民も鯨産物（主として鯨髭）の販売により現在以上に現金の入手可能性が高かった。それゆえ、捕鯨キャプテンが大規模な使者祭を主催できたのかもしれない。

榊原は気候変動（地球温暖化）がイヌピアットのホッキョククジラ捕鯨に与えた影響について報告している。その影響として、(1)春季捕鯨の実施に困難が伴うようになり、秋季捕鯨がノース・スロープ郡にかなりの量の鯨肉を供給するようになった。(2)伝統的に大きな鯨の捕殺を好んだポイント・ホープの鯨捕りたちも、薄い氷盤上でも安全に解体できる小さな鯨を選択するようになった。(3)海水温の上昇がホッキョククジラのより北への回遊を引き起こし、そのことが鯨捕りたちに、より多くの燃料、捕鯨道具、体力、時間を必要とさせるようになった（Sakakibara 2010: 1008–1009）。現在までのところ、気候変動（地球温暖化）のホッキョククジラそのものに与えた影響の評価は難しいが、少なくともイヌピアットの鯨捕りたちに多くの困難を与えているのは確かである。

ロシア連邦チュコト自治管区における先住民生存捕鯨については、ロリノ村における現地調査に基づいて、武田剛、池谷和信、大曲佳世が報告を行っている（武田 1998; 池谷 2006; 2007a; 2007b; 2008; 大曲 2006）。

武田はソビエト社会主義共和国連邦の崩壊から6年後（1997年）の経済困窮期に、コククジラ捕鯨、トナカイ遊牧、ギンギツネ飼育によって何とか生計を立てようとしているチュクチの暮らしを、新聞記者の視点から冷静に描写している（武田 1998）。「[鯨産物は］商品としての販売は一切せず、村のなかで自由に分け合っている」（武田 1998: 75）（［ ］内筆者付記、以下同様）という記述は、後の池谷、大曲の報告により必ずしも正しくはないことが明らかになるが、ロシア連邦成立後、日本において最初にチュコト地域の先住民生存捕鯨の現況を報告した武田の歴史的意義は少なくない。

池谷は2003年8月と2004年9月、大曲は2003年秋、それぞれロリノにおいて現地調査を実施しており、ほぼ同時期に同一地域の先住民生存捕鯨を観察している。2003年6月現在のロリノの人口は1419人、そのうち1288人が先住民（大半がチュクチ）である（池谷 2006: 36）。2002年、ロリノにおいてはコククジラが42頭、ホッキョククジラが1頭捕殺されている（池谷 2006: 30）。

ロリノでは狩猟従事者（鯨類だけでなく、セイウチ、アザラシ類も捕殺）のほとんどは公営企業「ケペル」に所属し、ケペルの長の指示に従い、7月から10月は鯨類、11月はセイウチ、その他の月はアザラシ類という具合に海洋哺乳類の捕殺に従事している（池谷 2006: 38）。捕鯨はケペル所属者が、池谷によれば4班、大曲によれば5チームに分けられ、班（チーム）長の指示の下で実施される（池谷 2006: 37; 大曲 2006: 7）。捕鯨手順は次のとおりである。2隻のボートが1組となり出漁し、コククジラを発見すれば、まずブイ付きの銛を打ち込み、次に首や胸をライフル銃で射撃し、最後にダーティングガンを用いて仕留める（池谷 2008: 16–17）。ライフル銃、ボート、船外機など捕鯨に使用する全ての道具類はケペル所有物のため、チュクチが自主的に捕鯨を行うことは不可能である（池谷 2008: 18; 大曲 2006: 7）。

捕殺したコククジラほかの海洋哺乳類はケペルに帰属し、狩猟従事者はケペルから給料を受け取る（池谷 2006: 39; 2008: 16; 大曲 2006: 7）。狩猟従事者は、鯨類を捕殺すれば給料に加えてボーナスが支給され、さらに魚類、ウサギ、民芸品の販売などを含めると総額で月に約5万9000円程度になり、ロシアでは破格の収入を得ている者もいる（大曲 2006: 7）。

鯨産物は、食用、鯨油用、イヌの餌用、飼育キツネの餌用などとして利用され、ケペル所属の狩猟従事者の場合、その食用鯨肉については1kg当たり6ルーブル（約25円）[7]の計算で給料から差し引かれ、イヌの餌用には1人につき70kgが無償提供されている（池谷 2006: 39）。一方、村人の食用鯨肉については、必要経費（解体料金、解体時照明用電気料金、鯨体引き揚げ用重機のガソリン代）として1kg当たり10ルーブル（38円）[8]の負担が必要とされている（大曲 2006: 7）。飼育キツネから生産される毛皮、雪上でのイヌゾリ猟で捕殺されるアザラシ類の毛皮加工品がケペルの貴重な現金収入源となっており（池谷 2008: 18）、イヌや飼育キツネの餌として鯨産物が利用される必要性が存在するのである。

池谷と大曲の指摘した狩猟（捕鯨）従事者の公営企業への所属および給料の支払い、村人および狩猟（捕鯨）従事者への食用鯨産物の有償提供、イヌおよび飼育キツネの餌としての鯨産物の利用は従来、先住民生存捕鯨の文脈ではほとんど言及されていなかった事実である。私たちの前に私たちの知らなかった（知りえなかった）先住民生存捕鯨の一形態が存在していたのである。その事実を日本人研究者が明らかにした意義は大きい。

セント・ヴィンセントおよびグレナディーン諸島国ベクウェイ島における先住民生存捕鯨については、浜口尚が捕鯨の歴史と現況、鯨産物の分配法、捕鯨をめぐる国際関係、捕鯨と観光、捕鯨の文化的意義などについて考察を発表している（浜口 1995; 1996; 1998; 2001; 2003; 2004; 2006; 2011; 2012b; 2013b; 2015; Hamaguchi 1997; 2001; 2005; 2013b）。これらの考察が本書第3章、第4章の基礎となっている。

1.2.1.3. その他の研究

先住民生存捕鯨に関する理論研究、地域研究に加えてここでは水産庁において捕鯨班長（遠洋課課長補佐）を務め、また国際交渉官として国際捕鯨委員会に関わってきた二人、小松正之と森下丈二の著作を取り上げておく（小松 2001; 2002; 2005; 2010; 森下 2002 参照）。小松は第56回国際捕鯨委員会年次会議（2004 年）における日本国政府代表代理としての仕事を最後に、捕鯨問題にかかる国際交渉の表舞台からは退出したが、森下は第 65 回隔年次会議（2014 年）に日本国政府代表として参加、次期副議長に選任され（IWC 2014g: 41）、現在も捕鯨問題にかかる国際交渉の第一線に立っている。

日本国の国益を追求する行政官としての小松、森下にとっての中心課題は、南極海における日本による鯨類捕獲調査の正当性の主張、国際捕鯨委員会における商業捕鯨一時停止決定への疑義および、国際捕鯨委員会の現状にかかる問題点の指摘、反捕鯨国（および反捕鯨環境保護団体）の欺瞞性の追及などである。これに対して原住民／先住民生存捕鯨[9]は、全般的な捕鯨問題の中で日本の利害に関わってくる時にのみ取り扱われる副次的な題目となっている。しかしながら、捕鯨問題に関する国際交渉の表裏に直接関わってきた二人の言説には、時に興味深いものもある。

小松の編著書の中に原住民生存捕鯨に関して「文化人類学の観点から言えば、『生存』とは、狭義に生きるか死ぬかの問題としてとらえるべきではなく、社会全体やその構成員にとって捕鯨が如何に文化的、社会的に、そしてイデオロギー的にも中心的な役割を担っているかということであり、文化的必要性とは切り離して考えられないものである」（小松 2001: 93）という記述がある。残念ながら、この部分は誰が執筆したものなのかは定かではないが、傾聴に値する見解であることは確かである[10]。

これに加えて小松は「原住民生存捕鯨」と「商業捕鯨」に関する定義の曖昧さを繰り返し指摘し（小松 2002: 136; 2005: 163-165）、自国アラスカ州の原住民生存捕鯨にかかる捕殺枠は要求するが、日本の小型沿岸捕鯨の再開を認めようとはしないアメリカの二重基準（ダブル・スタンダード）を厳しく追及している（小松 2010: 172-176）。一方、森下も、アメリカやロシアの先住民生存捕鯨には目もくれず、セント・ヴィンセントおよびグレナディーン諸島国ベクウェイ島における先住民生存捕鯨についてのみ未成熟個体を捕殺しているとして非難する反捕鯨国のもう一つの二重基準を訝っている（森下 2002: 180-181）。これらの言説は研究者とも通底するものとなっている。

1.2.2. 外国人研究者による先住民生存捕鯨研究

本項においては、外国人研究者による先住民生存捕鯨研究のうち理論研究を取り上げる。

世界における先住民生存捕鯨にかかる理論研究の先駆けとなったのが、ミッチェルとリーブスの研究である（Mitchell and Reeves 1980）。彼らの研究は、鯨類保護の立場からアラスカにおける先住民によるホッキョククジラ捕鯨問題の解決に資することを主要目的とし、その当時までに知られていた先住民捕鯨、地域捕鯨などを分析、考察している。

彼らは捕鯨を分類するために5項目、(1)「捕鯨主体」（Who）、(2)「捕鯨場所」（Where）、(3)「捕鯨時期」（When）、(4)「捕鯨理由」（Why）、(5)「捕鯨方法」（How）を設定し、それぞれを特定基準により二、三分割している。すわわち、(1)は先住民性の有無が基準となり、「先住民捕鯨」（aboriginal whale fishery）と「非先住民捕鯨」（non-aboriginal whale fishery）に二分割、(2)は捕鯨民の居住地と捕鯨実施場所の近接性が基準となり、「局地捕鯨」（local whale fishery）と「地域捕鯨」（regional whale fishery）に二分割、(3)は使用されている捕鯨道具が基準となり、「原初的捕鯨」（primitive whaling)、「19世紀型捕鯨」（19th century whaling)、「現代捕鯨」（modern whaling）に三分割、(4)は現金経済への関与度が基準となり、「生存捕鯨」（subsistence whale fishery）と「商業捕鯨」（commercial whale fishery）に二分割、(5)は使用されている捕鯨技術と捕鯨道具が基準となり、「伝統的捕鯨」（traditional whaling)、「移行期捕鯨」（transitional whaling)、「機械的捕鯨」（mechanical whaling）に三分割されている（Mitchell and Reeves 1980: 694-695 Table 1）。

この結果、例えばアラスカのイヌピアットによる捕鯨およびチュコト地域のチュクチによる捕鯨は、「先住民」「局地」「現代」「生存および部分的に商業」「移行期および機械的」捕鯨、グリーンランド西岸に居住する西グリーンランド人による捕鯨は、「先住民」「局地」「現代」「生存」「移行期および機械的」捕鯨、ベクウェイ島民などカリブ海地域住民による捕鯨は、「非先住民」「局地」「19世紀」「生存および商業」「移行期」捕鯨と分類される（Mitchell and Reeves 1980: 696-697 Table 2）。

分類基準を細分化すれば、結果は文献上ではより実態に近いものとなるかもしれない。その一方、多義的になり、その意味内容は不明瞭となる。一般的に先住民生存捕鯨の研究者は、捕鯨を「先住民生存捕鯨」と「商業捕鯨」に二分することに疑義を抱く者とそうでない者に分かれる。ミッチェルとリーブスは先住民捕鯨について現実に即した分類を試みながらも、それに「先住民生存捕鯨」と「商業捕鯨」という無理な二分割を重ね合わそうとして「生存および部分的に商業」捕鯨のような分類結果をもたらしたのである。その背景には（鯨類保護を優先する）科学と（先住民捕鯨を認めざるをえない）政治との間に葛藤があったかもしれないが、それは言い訳にはならない。

アラスカの先住民によるホッキョククジラ捕鯨の是非について、ミッチェルとリーブスの結論は次のとおりであった。「私たちはアラスカの捕鯨村落において、より多くのコククジラの捕殺とより少ないホッキョククジラの捕殺を勧告する。長期にわたるホッキョククジラ捕鯨の伝統を持つ村落に限り、1村落につき年間1頭の捕殺に限るべきである」(Mitchell and Reeves 1980: 714)。年間1頭のホッキョククジラの捕殺によって先住民の捕鯨文化は維持できると考えているのであろうか[11]。この結論は、アラスカの先住民社会におけるホッキョククジラ捕鯨の持つ文化的意義を理解できない（しようとはしない）ミッチェルとリーブスの研究の限界を表していた。先住民生存捕鯨研究に一つの指針を与えた彼らの先駆者としての功績は認める。しかしながら、それ以上ではなかった。

この先駆的研究から20年以上経過した後、リーブスは、反アザラシ漁、反捕鯨を組織目的とする「国際動物福祉基金」(International Fund for Animal Welfare: IFAW）から鯨類管理に関する現在および将来の議論に典拠資料を提供するための業務委託と資金提供を受けて[12]、先住民捕鯨に関するレヴュー論文を発表している（Reeves 2002)。その論文の冒頭、国際捕鯨委員会による1977年のアラスカにおけるホッキョククジラ捕鯨の禁止決定について、「振り返ってみれば、ホッキョククジラの生息数は科学者が推定していた数よりもずっと大きかった」(Reeves 2002: 72）と、科学的不確実性に基づく予防的措置を自己弁護している。そのこと自体、反捕鯨に与する鯨類学者たちがいかに恣意的に科学的不確実性と予防的措置を用いてきたのかを如実に物語っている。また、グリーンランドの先住民捕鯨についての詳細な民族誌であるコールフィールドの著作（Caulfield 1997）を批判的に取り上げた文脈おいて、グリーンランドにおける鯨産物の商品化は鯨類資源を危険にさらすと主張するなど（Reeves 2002: 97）、鯨類保護優先の立場は一貫している。それが反捕鯨団体からの業務委託および資金提供によるものか否かは定かではない。

1976年から2001年まで四半世紀にわたって国際捕鯨委員会事務局長を務めたギャンベルは、国際捕鯨委員会を代表する一つの顔でもあった[13)]。彼は、『捕鯨取締条約』（1931年）、『国際捕鯨取締協定』（*International Agreement for the Regulation of Whaling*）（1937年）から『国際捕鯨取締条約』（1946年）の締約とその後の60年にわたる同条約附表における様々な修正を取り上げ、先住民生存捕鯨は、大規模商業捕鯨とはいくつかの点において異なり、また独特の特徴を持つものとして認識されており、そのことが大規模商業捕鯨と異なる管理方法の採用を可能にしているとし（Gambell 1993: 102）、先住民捕鯨に対して厳格な資源管理の適用除外を容認してきた国際機関の歴史的事実を重視している。

その彼にとって、1977年（事務局長就任の翌年）の国際捕鯨委員会によるアラスカにおけるホッキョククジラ捕鯨の禁止決定は、少なからぬ衝撃であった。予見される近い将来においてホッキョククジラに絶滅に至る現実の危機があるとする科学者たちの見解に同意しながらも、「これは明らかに非常に冷徹な施策であった」（Gambell 1993: 102）と述べている。最終的にアラスカの先住民にはホッキョククジラの捕殺枠が承認されることになり、彼らの暮らしにほとんど実害はなかった。このホッキョククジラ捕鯨をめぐる混乱から国際捕鯨委員会（およびその事務局長としてのギャンベル）が得た教訓は、先住民捕鯨にかかる政策決定過程には、その影響を受ける先住民が可能な限り全面的に参画すること、および合意された規制や管理の履行にも先住民が全面的に関与することの重要性を認識したことであった（Gambell 1993: 106）。

結論としてギャンベルは、商業捕鯨にかかる改訂管理方式の開発が進行中であった当時の先住民生存捕鯨の将来として、鯨類の資源状態と先住民捕鯨民およびその共同体の生存のための必要性の双方に関して、全ての関連する要素を考慮に入れたより実際的な管理方式が開発されることが望ましいであろうとしている（Gambell 1993: 106）。商業捕鯨にかかる改訂管理方式の開発は完成するも、改訂管理制度をめぐる捕鯨国、反捕鯨国の対立から商業捕鯨再開のめどは立っていない。これに対して、先住民生存捕鯨にかかる管理方式の開発は、ギャンベルの予見した方向に着実に歩みを進めている。

フリーマン編著『くじらの文化人類学―日本の小型沿岸捕鯨―』（Akimichi et al. 1988; フリーマン 1989）は、日本におけるミンククジラを主対象とする小型沿岸捕鯨の再開に資することを目的として、小型沿岸捕鯨を実施している4地域（網走、鮎川、和田、太地）における捕鯨の歴史と現況、国際捕鯨委員会における商業捕鯨一時停止決定がこれら4地域に与えた影響の大きさ、日本における鯨産物利用の社会文化的意義などについて、フリーマンほか秋道、高橋、岩崎の3人の日本人人類学者（1.2.1.1.参照）を含む12人の研究者によって実施された現地調査の結果に基づいてまとめられたものである。先住民生存捕鯨そのものは中心テーマとはなっていないが、その終章は生存捕鯨と小型沿岸捕鯨の問題に当てられている。

そこでは国際捕鯨委員会における「原住民生存捕鯨」（翻訳者による訳語）にかかる定義の変遷、捕鯨を「商業捕鯨」と「生存捕鯨」に二分することへの疑義、小規模地域社会における「商業性」の意味すること、などが論じられ（Akimichi et al. 1988: 79-84; フリーマン 1989: 187-200）、先住民生存捕鯨にかかる諸問題の理解を深めることに大きく貢献している。

フリーマンらの結論、「日本の小型沿岸捕鯨の社会的、文化的、そして経済的特性を調査した結果、この種の捕鯨は現在のIWCが認める二つのカテゴリー［「原住民生存捕鯨」と「商業捕鯨」］のいずれにもあてはまらないということが明らかになった。［…］この種の小規模捕鯨は、正当かつ独自の捕鯨カテゴリーを構成していると結論するにいたった」（Akimichi et al. 1988: 84; フリーマン 1989: 200）は、ミンククジラを主対象とする小型沿岸捕鯨の再開をめざす日本国政府のその後の政策決定に大きな影響を与えた。

日本の小型沿岸捕鯨問題は、第38回国際捕鯨委員会年次会議（1986年）において初めて言及され（IWC 1987: 18)、第40回年次会議（1988年）ではフリーマンらによる調査の成果が報告された（IWC 1989: 22)。さらに、それから27年が経過した第65回隔年次会議（2014年）においてもまだ議論が続いている[14]。この事実と、アメリカ合衆国ワシントン州に居住するマカーによる先住民生存捕鯨捕殺枠要求が僅か2回の年次会議により承認されたこととを比べてみれば（2.3.2.参照)、改めて国際捕鯨委員会におけるイデオロギー的偏向を認識させられるのである。フリーマンらの報告に意義がなかったのではなく、国際捕鯨委員会にそれを受け入れる政治的土壌がなかっただけなのである。

また、フリーマンは国際捕鯨委員会における先住民生存捕鯨にかかる取り扱いの歴史を振り返ったうえで、「aboriginal」と「subsistence」は非常に曖昧な用語であるが、結びついた形で用いられてきたと指摘している（Freeman 1993: 244)。その一方、捕鯨の「先住民捕鯨」と「商業捕鯨」への二分割については観念論的に受容されてきた。

彼によれば、先住民捕鯨はその本質において、原初的、単純、伝統的、非商業的、非貨幣経済的、局地的という特徴を示していると考えられ、一方、商業捕鯨については、現代的、複雑、非伝統的、商業的、貨幣経済的、非局地的という全く反対の特徴が見出されると考えられている。このような特徴づけは過去においてはありえたかもしれないが、現代の貨幣経済化された世界においては全く当てはまらないとしている（Freeman 1993: 244)。

このような先住民捕鯨と商業捕鯨という観念論的二元論を前提としている反捕鯨国にとって、先住民が貨幣経済に関わることや、非先住民が生存捕鯨に関わることなどは考えられないのである。ところが、フリーマンが指摘するように現実は異なっている。アラスカ、カナダ、グリーンランドにおいて、生業活動は金銭的に非常に高くつくにもかかわらず、またいくらかの事例においては明らかに費用効果が疑わしいのにもかかわらず、存続している（Freeman 1993: 245)。この種の先住民による生業活動は、経済合理性を重視する立場（反捕鯨国の多くは経済合理性を重視する国でもある）からは説明しがたいが、生業活動が先住民間の社会関係の維持に関わっていることを理解できれば納得がゆく。先住民は鯨との関わりを維持するために、また他者との関わりを維持するために、持ち出し覚悟で捕鯨に従事しているのである。

さらに、ヤングとフリーマンらは、国際捕鯨委員会における鯨類資源の管理制度として「先住民生存捕鯨」と「商業捕鯨」のような区分ではなく、「許容できる捕鯨」(permissible whaling) と「許容できない捕鯨」(impermissible whaling) という区分に捕鯨を定義しなおすよう主張し、許容できる捕鯨として次の三類型の捕鯨、すなわち、(1)先住民生存捕鯨 (aboriginal subsistence whaling)、(2)他の生存捕鯨 (other subsistence whaling)、(3)職人的捕鯨 (artisanal whaling) を提出している (Young et al. 1994: 122, 124)。

(1)はこれまで一般的に先住民生存捕鯨として受け入れられてきた捕鯨であり、アラスカや東グリーンランドにおける先住民の活動がその典型例である (Young et al. 1994: 122)。(2)については、生業の定義の中にその慣行を先住民の活動に限定するものは何もないとし、典型例としてフェロー諸島におけるヒレナガゴンドウ漁をあげている (Young et al. 1994: 122)。(3)は地方に根ざした家族に基礎を置き、主として伝統的知識に基づく技能と技術を伴った高度の肉体労働によって特徴づけられている捕鯨活動である。典型例としては、アイスランド、日本、ノルウェーのいくつかの沿岸共同体において実施されている小型沿岸捕鯨がある (Young et al. 1994: 122)。

確かにこの区分のほうが捕鯨活動の実態を反映している。捕鯨活動における見かけ上の商業性の有無だけで捕鯨を二分することの矛盾は誰の目にも明らかである。しかしながら、この許容できる捕鯨の定義を国際捕鯨委員会が受け入れたならば、日本の小型沿岸捕鯨を含めて捕鯨活動は拡大する。そのような新定義を反捕鯨国が容認することはありえない。なぜならば、反捕鯨国にとって捕鯨活動の拡大は許容できないからである。

最後に、アメリカ合衆国の連邦公務員であったティルマンの研究を取り上げる。ティルマンは、アメリカ合衆国海洋漁業局の局次長、主席科学者を務めた経歴を有し、またアメリカ合衆国政府代表団の一員として33回の国際捕鯨委員会への参加経験を誇る海洋哺乳類の保全・管理を専門とする研究者である[15)]。直近の第65回隔年次会議 (2014年) においては、先住民生存捕鯨にかかる未解決の課題について検討する特別作業部会の部会長を務めている（IWC 2014d: 4）。その彼が2008年に『捕鯨取締条約』（1931年）以降の先住民捕鯨にかかる主要議論を概括したうえで、先住民捕鯨に関するレヴュー論文を発表している（Tillman 2008）。

ティルマンは、先住民捕鯨にかかる管理の歴史は、国際捕鯨委員会などの資源管理機関が商業捕鯨には冒さなかった資源保全上の危険性を先住民捕鯨にはあえて冒してきたことを明瞭に示しているとし、その理由について、商業捕鯨は捕殺数を最大化しようとする市場の力によって動かされているのに対して、先住民捕鯨は自己抑制的な傾向があり、基本的な人間としての必要性を充足するのに十分な数しか捕殺しないという一般的に共有された確信から生じているようであると説明している（Tillman 2008: 441）。

「一般的に共有された確信」に基づく先住民捕鯨に関する管理手法が科学的ではないことは、彼も十分承知している。それゆえ、先住民捕鯨に関するこの管理手法の適否については、それが資源保全という目的に適っているか否かで判断すべきであるとし、先住民捕鯨民はその大部分において責任のある行動を取ってきており、過去60年以上におよぶ国際捕鯨委員会の管理手法は資源保全の見地からは成功していると結論づけている（Tillman 2008: 442）。要するに、先住民捕鯨によって絶滅した鯨種はないので、その管理手法は正しかったとの判断を下しているのである。結果よければ全てよしとする科学者らしからぬ結論である。

「先住民捕鯨」と「商業捕鯨」の区分に関しても、ティルマンは「たとえ政治的であれ」国際捕鯨委員会は先住民捕鯨と商業捕鯨を区別する実際的な経験を有しており、それゆえ日本の小型沿岸捕鯨を拒否し、マカーのコククジラ捕鯨を承認したとしている（Tillman 2008: 442）。結局のところ、国際捕鯨委員会は政治的にマカー捕鯨を承認し、日本の小型沿岸捕鯨を拒否したのである。その捕鯨を容認したくないならば、商業捕鯨と分類すれば事足りる。やむをえず承認する時には先住民捕鯨とする。先住民捕鯨／商業捕鯨の区分は反捕鯨国にとって実に都合のよい政治的便法なのである。

いかに立派な科学者であろうとも、自国の国益が絡んでくれば、非科学的、政治的に判断し、行動する。連邦公務員としてのティルマンは、国際的には鯨類を保護し、国内的には保護種を回復させるというアメリカ合衆国の目的達成に努めたとして大統領表彰を受けている[16)]。アメリカ国内においては、多分その業績が評価されている研究者なのであろう。

1.3. 小括

本章においては先住民生存捕鯨に関する先行研究を概観してきた。そこでは大別して二つの傾向を見出すことができた。すなわち、国際捕鯨委員会において確立されてきた捕鯨の二区分、「商業捕鯨」と「先住民生存捕鯨」について、その区分を疑問視する立場と肯定的に評価する立場である。

先住民生存捕鯨の現実を知る秋道、高橋、岩崎、フリーマンらの文化人類学者は、この二区分は先住民による捕鯨の実態を反映しておらず、恣意的な区分であるとしている。今日のグルーバル経済の下、先住民といえども捕鯨道具を維持管理し、捕鯨を継続していくためには現金が必要である。その現金入手の主要方法の一つが鯨肉・脂皮など鯨産物の現金販売である。そのような鯨産物の現金販売の事実から、ある先住民の捕鯨を商業性の帯びたものとして国際捕鯨委員会が承認している「先住民生存捕鯨」から除外しようとするならば、先住民の暮らしは成り立たなくなる。先住民は利潤を得るためではなく、鯨との関係を維持するために鯨産物を現金販売することもある。そのような先住民捕鯨の現実は、先住民社会における調査経験のある者には自明のことである。

一方、ミッチェルとリーブス、ティルマンらの鯨類（海洋哺乳類）学者は、鯨類を保護するためには、「商業捕鯨」と「先住民生存捕鯨」という捕鯨の二区分は政治的、政策的に必要であるとしている。彼らの基本的な立場は反捕鯨であり、やむをえない場合にのみ、特定地域（民族集団）の捕鯨を先住民生存捕鯨として容認するのである。また先住民生存捕鯨についても、その実態について商業性の有無の見地から精査していけば、捕殺数を減じることが可能、すなわち、鯨類保護に繋がると考えているのである。

文化人類学を専攻する筆者は、秋道ら先人たちと同じく「商業捕鯨」と「先住民生存捕鯨」という捕鯨の二区分は恣意的であると考えている。恣意的であるゆえに捕鯨を制限する政治的な便法の一つとして用いられているのである。反捕鯨国が多数を占める国際捕鯨委員会における力関係だけで、鯨に依存している先住民の暮らしが歪められてはならない。捕鯨問題については、鯨を本当に必要とする人々の暮らしを第一義的に考え、なおかつ鯨類保護にも配慮しなければならない。そのためには「商業捕鯨」と「先住民生存捕鯨」という捕鯨の二区分を見直す必要性があることは言うまでもないことである。

注

1）2007年の国際連合における「先住民族の権利に関する国際連合宣言」(United Nations Declaration on the Rights of Indigenous Peoples）の採択も影響を与えたと思われる。同宣言においては、「先住民（族)」を表す用語としてもっぱら「indigenous peoples」が用いられている。その前文および46条からなる本文において「indigenous」が111回用いられているのに対して、「aboriginal」と「native」は全く用いられていなかった（United Nations General Assembly, "61/295. United Nations Declaration on the Rights of Indigenous Peoples."〈http://www.un-documents.net/a61r295.htm〉Accessed December 23, 2012.)。

2）アラスカ・エスキモー捕鯨委員会、マカーの団体、グリーンランドの漁民・狩猟民団体、チュコト地域伝統的海洋哺乳類狩猟民協会の4団体である（IWC 2014d: 1)。

3）商業捕鯨の再開をめざして鯨類資源の学術研究を実施している財団法人日本鯨類研究所の理事長当時に出版された長崎の著書において、200頁を超す本文中、捕鯨問題について触れていたのが僅か数頁であったのが印象に残っている（長崎1994参照)。今は故人になられたが、長崎はバランス感覚に優れた研究者であったと筆者は考えている。

4）マカーによる捕鯨再開運動は1995年に開始された（2.3.2.参照)。

5）セント・ヴィンセントおよびグレナディーン諸島国ベクウェイ島民によるザトウクジラ捕鯨は、第39回国際捕鯨委員会年次会議（1987年）において先住民生存捕鯨として承認されたが、その漁期が始まるのは年次会議終了後（1987/88年漁期）からであった（3.2.参照）

6）この国際会議には長崎福三も事務方として関わっていた（フリーマン 1989: 204)。

7）池谷（2006）は1ルーブル＝4.17円、大曲（2006）は1ルーブル＝3.8円として換算している。

8）注 7）参照。
9）小松はその著書において「原住民生存捕鯨」を（小松 2001; 2002; 2005; 2010 参照)、森下は「先住民生存捕鯨」を用いている（森下 2002 参照)。
10）小松の編著書（2001）には執筆者として小松ほか 19 人の名前が列挙されているが、各人の執筆箇所については明示されていない。執筆者の一人として文化人類学を専攻する大曲佳世が含まれているので、「文化人類学の観点から言えば、…」のくだりはあるいは大曲が執筆したのかもしれない。
11）第 42 回国際捕鯨委員会年次会議（1990 年）の先住民生存捕鯨小委員会において、イギリスとセイシェルはセント・ヴィンセントおよびグレナディーン諸島国ベクウェイ島におけるザトウクジラ捕鯨に関して、その捕鯨の必要性は文化的なものであり、ゼロよりも大きな捕殺枠を必要としているようであると述べている（IWC 1991: 31; 3.4. 参照)。反捕鯨国および反捕鯨に与する研究者は、捕鯨文化の維持は鯨 1 頭の捕殺により可能であると考えているようである。
12）リーブスが IFAW から業務委託を受けたことは本文中に（Reeves 2002: 73)、資金提供を受けたことは謝辞において明記されている（Reeves 2002: 100)。反捕鯨団体から業務委託および資金提供を受けた先住民生存捕鯨研究が学術的客観性を保てるのかについて、筆者は疑念を抱いている。IFAW の反アザラシ漁運動について筆者は別のところで取り上げている（浜口 2008 参照)。
13）レイ・ギャンベルは 1976 年 5 月 1 日から 2001 年 8 月 31 日まで国際捕鯨委員会事務局長を務めた（IWC 2001a: 62)。退任直前の 2001 年 3 月、ギャンベルにインタビューした河島基弘の著書を読み、ギャンベルが反捕鯨運動にかなり批判的であったことを窺い知ることができた（河島 2011: 70, 92, 108 参照)。
14）第 65 回国際捕鯨委員会隔年次会議（2014 年）において、日本は小型沿岸捕鯨としてミンククジラ 17 頭の捕殺枠設定を求める附表修正提案を行ったが、賛成 19 か国、反対 39 か国、棄権 2 か国により否決された（IWC 2014g: 12-13)。
15）ティルマンの経歴については、2014 年現在の所属先のカリフォルニア大学サンジェゴ校海洋生物多様性保全センター（Center for Marine Biodiversity and Conservation）のホームページによる（〈http://cmbc.ucsd.edu/People/Faculty_and_Researchers/tillman/〉 Accessed December 20, 2014)。彼が参加した国際捕鯨委員会は、第 26 回年次会議（1974 年）から第 34 回年次会議（1982 年)、第 39 回年次会議（1987 年）から第 49 回年次会議（1997 年)、第 51 回年次会議（1999 年）から第 56 回年次会議（2004 年)、第 59 回年次会議（2007 年）から第 65 回隔年次会議（2014 年）の 33 回である。本件情報は『国際捕鯨委員会報告』『国際捕鯨委員会年報』の「議長報告」による。
16）注 15）のホームページ上の経歴による。

第2章　先住民生存捕鯨―歴史と現状―

読者各位は「先住民生存捕鯨」という言葉を聞いたならば、どういう姿の捕鯨を想像するであろうか。「辺境の地に住む先住民が自らの生活のために命を賭けて鯨を捕っている」。このイメージは誤りではないが、それが全てというわけでもない。世界には動力船に乗り、捕鯨砲を用いて鯨を捕っている先住民も存在し、その捕鯨が先住民生存捕鯨として国際的に承認されている事例もみられるのである。

以下、本章においては先住民生存捕鯨をめぐる誤謬を解き明かし、筆者なりの解釈を提示するため、次の手順で先住民生存捕鯨について考察する。

まず、先住民生存捕鯨を規定している『国際捕鯨取締条約』附表について、条約締約時の附表（1946年）から商業捕鯨が一時停止され、先住民生存捕鯨が厳格に確立された第34回国際捕鯨委員会年次会議（1982年）までの修正を編年的に追いながら、附表にみられる先住民生存捕鯨の定義の変遷を精査する。

次に、最新の附表（第65回隔年次会議終了時、2014年）を取り上げ、それに基づいて、先住民生存捕鯨が実施されている諸地域および諸民族集団の現状、その捕鯨の実態などを要約、整理して提示する。これにより、先住民生存捕鯨の実像を鳥瞰できるはずである。

最後に、先住民生存捕鯨について考察した結果、浮かびあがってきた問題点、課題の事例として、グリーンランド捕鯨とマカー捕鯨を取り上げ、本章のまとめとする。

2.1. 先住民生存捕鯨―歴史―

2.1.1.『国際捕鯨取締条約』（1946年）締約時における先住民捕鯨

『国際捕鯨取締条約』は全11条の本文とその附表から成り立っている。本文においては条約の目的や全体的な枠組みなど、条約の形式的側面が叙述されている。一方、附表においては、利用可能鯨種、保護鯨種、解禁期、禁漁期、解禁水域、禁漁水域、体長制限、捕鯨方法、捕鯨道具など、鯨類資源の利用と管理に関する具体的、実質的部分が規定されている。

その『国際捕鯨取締条約』第１条第２項において、本条約の対象となる捕鯨（の種類）が明記されている。

第１条 第２項
本条約は締約国の管轄下にある捕鯨母船、陸上施設、捕鯨船およびそれらの捕鯨母船、陸上施設、捕鯨船によって捕鯨が実施される全ての水域に適用される。(IWC 1950: 10)

この条項から、本条約は近代型捕鯨を対象としていることが明らかである。従って、前近代型の捕鯨である限り（例えば、手漕ぎボート、手投げ銛などを使用する捕鯨など）、その捕鯨（多くは先住民捕鯨）は条約の対象外であると理解できる。

条約締約時の附表第２項においては、当時既に資源量が減少していたコククジラおよびセミクジラの捕殺が禁止されている[1)]。しかしながら、先住民による鯨肉ほか鯨産物の地域的消費を目的とした当該鯨種の捕殺については、適用除外とされている。

附表 第２項
鯨肉および鯨産物がもっぱら先住民による地域的消費に用いられる場合を除いて、コククジラおよびセミクジラの捕獲、または殺すことを禁止する。(IWC 1950: 15)

先住民による捕鯨の場合、前近代型の捕鯨道具を使用しているのであるならば、本条約第１条第２項の規定により、その捕鯨は条約の対象外とされ、コククジラおよびセミクジラの捕殺は可能である。それにもかかわらず、本附表第２項において「鯨肉および鯨産物がもっぱら先住民による地域的消費に用いられる場合を除いて」と規定されているのは、前近代型の捕鯨道具を使用する先住民捕鯨であっても、資源量の減少していたコククジラとセミクジラに関しては、制限が課せられているということを示している。この規定により、例えば先住民による広域流通目的のコククジラおよびセミクジラの捕殺は不可能となる。

しかしながら、先住民による地域消費目的の捕鯨である限り、鯨肉ほか鯨産物の地域内における現金を伴った流通は条文上、排除されていないことに改めて注目しておきたい。先住民捕鯨といえども、現金の介在を伴う流通を完全に排除することは現実的ではないからである。利潤追求のための広域流通と経費を賄い捕鯨を継続するために必要な現金の介在した流通とでは、その意味するところが大いに異なる。後者を完全に排除するならば、先住民捕鯨自体の存続が危うくなるのである。

2.1.2. 商業的利害排除のための先住民捕鯨実施者の明確化

第16回国際捕鯨委員会年次会議（1964年）において、アメリカ合衆国政府により提案され、オランダ政府により支持された「商業的利害による先住民の権利濫用を避けるため」の附表第2項の修正案は投票の結果、満場一致で可決された（IWC 1966: 20）。

修正された附表第2項は次のとおりである。

> 附表 第2項
> 先住民もしくは先住民のために締約国が捕獲、または殺す場合を除いて、かつまた鯨肉および鯨産物がもっぱら先住民による地域的消費に用いられる場合を除いて、コククジラおよびセミクジラの捕獲、または殺すことを禁止する。（IWC 1966: 20）（下線筆者付記、修正付加箇所。以下同様）

本附表修正により、先住民捕鯨の主体者（実施者）が明確になった。すなわち、先住民のみならず、先住民のために締約国も先住民捕鯨を実施できることが明記されたのである。

この附表第2項が想定している先住民のために捕鯨を実施する締約国とは、ソビエト社会主義共和国連邦（ソ連邦）[2]である。正確な開始年は国際捕鯨委員会の議事録上では不明であるが、この附表修正後にソ連邦は政府の捕鯨船による先住民捕鯨を開始している。このことは、13年後の第29回年次会議（1977年）の科学委員会において、ソ連邦政府が同国の先住民捕鯨に関して、「10年前に特別な捕鯨船を1隻提供し、同捕鯨船が先住民による捕鯨と交替することにより、高い［銛打ち］亡失率を乗り越えた」（IWC 1978b: 67）と説明していることにより確認できる。

本附表修正をめぐる議論において、先住民捕鯨と商業性との関わりが初めて取り上げられた。「商業的利害による先住民の権利濫用を避けるため」とするアメリカ、オランダによる修正案の主旨は、第三者が先住民を利用して先住民捕鯨の名の下で商業的利益を得ることを防止するためなのか、あるいは先住民が先住民捕鯨の名の下で商業的利益を得ることを防止するためなのか、それともその両方なのかは議事録を読む限りではわからない。しかしながら、これら両国が先住民捕鯨からできる限り商業性を取り除こうとする意図を持っていたことは「商業的利害による先住民の権利濫用」という字句から読み取ることができるのである。

上記附表第2項は第25回年次会議（1973年）において、同一表現のまま附表第7項として番号変更され（IWC 1975）、さらに第27回年次会議（1975年）において、附表第6項と一本化され、全面的に表現が書き改められている（IWC 1977: 14）。

一本化され、新表現となった附表第7項は次のとおりである。

附表 第7項

附表第6項の規定にもかかわらず、グリーンランド海域における体長35フィート（10.7m）を下回らない年間10頭のザトウクジラの捕殺は、登録総重量50トン未満の捕鯨船が使用される限りにおいて、これを許可する。先住民もしくは先住民のために締約国政府がコククジラあるいはセミクジラを捕殺することは、その鯨肉および鯨産物がもっぱら先住民による地域的消費に用いられる時にのみ、これを許可する。（IWC 1977: 14）

2.1.3. アラスカにおける先住民捕鯨をめぐる揺れ動き

第29回年次会議（1977年6月）の科学委員会において、1973〜77年のアメリカ合衆国アラスカ州の先住民（イヌピアット、ユピート）によるホッキョククジラ捕鯨の記録が提示された（1977年は暫定値）。

それによれば、1973年（陸揚げ数37頭、銛打ち亡失数10頭）、1974年（陸揚げ数20頭、銛打ち亡失数28頭）、1975年（陸揚げ数15頭、銛打ち亡失数26頭）、1976年（陸揚げ数48頭、銛打ち亡失数35頭）、1977年（陸揚げ数26頭、銛打ち亡失数77頭）となっている（IWC 1978b: 67 Table 24）。

この記録から、1976年漁期における陸揚げ数の増加と1977年漁期における銛打ち亡失数の増大は明らかである。陸揚げ数の増加要因としては、カリブーの捕殺制限、原油掘削関連雇用および土地権補償請求の和解による捕鯨活動用の現金入手可能性の拡大、銛打ち亡失数の増大要因としては、鯨仕留め道具としてのダーティングガンの使用からショルダーガンの使用への変遷などが指摘されている（IWC 1978b: 67）。

アラスカ州の先住民が捕殺対象としているベーリング海資源ホッキョククジラの推計生息数（当時）は600頭～2000頭、これは初期資源量の6％～10％程度にすぎず、同資源ホッキョククジラは明らかに保護資源に位置づけられ、しかも捕殺率は生息数の約5％を占め、増大傾向にあった（IWC 1978b: 67）。このような事実を踏まえ、科学委員会は生物学的理由からホッキョククジラ捕鯨は中止されなければならないと確信し、国際捕鯨委員会に対して附表から「あるいはセミクジラ」（従来、セミクジラと表現されてきたが、正確にはホッキョククジラ[3]）という字句の削減を勧告した（IWC 1978b: 67）。

国際捕鯨委員会総会は科学委員会の勧告に基づく技術委員会の提案を受け入れ、附表第7項の一部字句を削除し、附表第11項とする附表修正を行った。

修正された附表第11項は次のとおりである。

附表 第11項

附表第8項の規定にもかかわらず、グリーンランド海域における体長35フィート（10.7m）を下回らない年間10頭のザトウクジラの捕殺は、登録総重量50トン未満の捕鯨船が使用される限りにおいて、これを許可する。先住民もしくは先住民のために締約国政府がコククジラ~~あるいはセミクジラ~~を捕殺することは、その鯨肉および鯨産物がもっぱら先住民による地域的消費に用いられる時にのみ、これを許可する。(IWC 1977: 14; 1978a: 33)（二重取消線は筆者付記、削除箇所）

この附表修正の結果、アメリカ合衆国アラスカ州に住む先住民はホッキョククジラ捕鯨が禁止されることになった。しかしながら、附表修正から僅か半年後の1977年12月、国際捕鯨委員会の特別会合が開催された。本特別会合の目的の一つは、アラスカ州の先住民によるベーリング海資源ホッキョククジラの捕殺を禁止した同年6月の第29回年次会議の決定を再考することであった（IWC 1979a: 2)。

特別会合の技術委員会において、アメリカ合衆国政府はアラスカ州先住民の生存的、文化的な必要性を満たすために1978年におけるホッキョククジラの穏当と考えられる数の捕殺を提案、ホッキョククジラ18頭の銛打ちを認める決議案が多数決により合意された（IWC 1979a: 3)。しかしながら、本決議案は特別会合の全体会議において、賛成6、反対6、棄権3で否決され、アメリカによって提案、デンマークによって支持された15頭の陸揚げを認める決議案も、賛成5、反対3、棄権7で否決、最終的にはノルウェーによって提案され、ソ連邦によって支持された12頭の陸揚げまたは18頭の銛打ちを認める決議案が、賛成10、反対3、棄権2で採択された（IWC 1979a: 3)。

最終的になされた附表修正は次のとおりである。

附表 第11項

附表第8項の規定にもかかわらず、グリーンランド海域における体長35フィート（10.7m）を下回らない年間10頭のザトウクジラの捕殺は、登録総重量50トン未満の捕鯨船が使用される限りにおいて、これを許可する。先住民もしくは先住民のために締約国政府がコククジラあるいはベーリング海資源ホッキョククジラを捕殺することは、その鯨肉および鯨産物がもっぱら先住民による地域的消費に用いられる時にのみ、これを許可する。但し、ベーリング海資源ホッキョククジラに関しては、以下の条件によるものとする。
(a) 1978年、捕鯨は18頭の銛打ちもしくは12頭の陸揚げのいずれかに達した時、終わるものとする。
(b) 仔鯨もしくは仔鯨を伴ったホッキョククジラを銛打ち、捕獲、殺すことを禁止する。(IWC 1979a: 4)

この附表修正以降、毎年の年次会議において、アラスカ州の先住民によるホッキョククジラ捕鯨に関して、陸揚げ数と銛打ち数をめぐる数の調整議論が繰り返されることになる。反捕鯨国にとってはこれらの数は少なければ少ないほどよく、アメリカ合衆国政府にとっては要求に近ければ近いほどよい。最初は先住民の生存的、文化的必要性から始まった議論も最終的にはそこから離れ、単なる数合わせで終わってしまう。結局のところ、アメリカ合衆国政府を含めて、誰もアラスカ州の先住民にとっての捕鯨文化の意義を知らないのである。

本附表修正により、アラスカ州の先住民は、年間最大12頭までのホッキョククジラの陸揚げが可能となった。反捕鯨国であるアメリカ合衆国政府も、自国民には、捕鯨再開のために強力な政治的支援を実施する。強力な政治力を持つ国に生まれた先住民は、そうでない国に生まれた先住民よりも少しだけ幸せなのかもしれない。

しかしながら、この修正された附表には「仔鯨もしくは仔鯨を伴ったホッキョククジラを銛打ち、捕獲、殺すことを禁止する」とした附帯条件が課せられた。手漕ぎのボートに乗り、手投げ銛、ショルダーガンもしくはダーティングガン、ボンブランスによってホッキョククジラを捕殺するという旧来の捕鯨方法を用いる限り（それが一般的に理解されている先住民捕鯨であるが）、仔鯨が一番仕留めやすいのである。アメリカ合衆国アラスカ州の捕鯨民にとって、もっとも安全に捕殺でき、かつ肉が柔らかくておいしい仔鯨を捕殺できなくなったことは、小さな幸せが生んだ大きな不幸と言えるかもしれない。

2.1.4.「先住民捕鯨」から「先住民生存捕鯨」へ

第30回年次会議（1978年6月）において、その議題の中で「先住民生存捕鯨」に相当する名称として「生存／先住民捕鯨」(Subsistence/Aboriginal Whaling）なる名称が初めて用いられた（IWC 1979b: 26)。

一方、1978年12月に開催された特別会合において、その議題の中で文字どおり先住民生存捕鯨を表す「先住民／生存捕鯨」(Aboriginal/Subsistence Whaling）が初めて用いられた（IWC 1980a: 4)。

アラスカにおけるホッキョククジラ捕鯨をめぐる混乱から先住民捕鯨にかかる定義策定の必要性を理解した国際捕鯨委員会は、1979年2月、野生生物学、栄養学、文化人類学の三部門の専門家からなる会議を開催した。この会議において、文化人類学専門家部会は国際捕鯨委員会による先住民捕鯨の定義策定に資するために、「鯨産物の生存的な利用」を次のように定義している。

(1) 捕鯨参加者による鯨産物の食料、燃料、住居、衣服、道具、あるいは運搬手段としての個人的な消費。

(2) 捕鯨参加者の親族、地域共同体内の他者、および地域住民が家族的、社会的、文化的あるいは経済的なつながりを共有している地域共同体外の人々との捕殺された形態のままでの鯨産物の交換、交易、分配。この交換、交易には通貨も伴っているが、鯨産物の大部分は地域共同体内において通常は捕殺された形態で消費、あるいは利用される。

(3) 鯨が上記(1)、(2)において定義された目的のために捕殺された時、その鯨産物を用いた手工芸品の製作および販売。(IWC 1982b: 49)

ここでは特に(2)に注目しておきたい。鯨産物が地域共同体の枠を超えて流通することもその流通に現金が介在することも可能とされている。例えば、デンマーク領グリーンランドの場合、デンマークに居住するグリーンランドの先住民（カラーリット）にグリーンランド産の鯨産物を分配することは、当然認められてしかるべきであるし、そこに輸送経費などとして現金が介在することもあるだろう。それらの分配、移送は先住民間の文化的紐帯を維持、強化するためものであり、決して商業的な目的でなされるものではないのである。

なお、この定義は2004年に開催された第56回年次会議において、再確認されている（IWC 2005a: 15参照）。

第30回年次会議（1978年6月）において「生存／先住民捕鯨」なる名称が用いられ、その半年後の特別会合（1978年12月）においては「先住民／生存捕鯨」という名称になったのであるが、第31回年次会議（1979年6月）においては、再び「生存／先住民捕鯨」が用いられている（IWC 1980b: 30）。このような半年ごとの先住民捕鯨にかかる名称の揺れ動きから、1978年から1979年当時はまだ「先住民生存捕鯨」という名称が国際捕鯨委員会において確立されていなかったことがわかるのである。国際捕鯨委員会において一貫して「先住民生存捕鯨」という名称が用いられるようになるのは次の第32回年次会議（1980年）からである。

2.1.5. 先住民生存捕鯨制限への動き

第32回年次会議（1980年）において、オーストラリアは、国際捕鯨委員会の議論における先住民生存捕鯨の重要性が増大していることについて見解を述べ、同国は生存捕鯨についても、商業捕鯨の管理手順の中に反映されているものに類似した適切な管理原則と指針を発展させることが有益であると主張した（IWC 1981a: 17）。ここにおいて、先住民捕鯨についても商業捕鯨と同様に扱い、捕鯨を制限していこうとするオーストラリアの姿勢を読み取ることができるのである。

前年の第31回年次会議（1979年）において、先住民捕鯨を規定している附表第11項（2.1.3.参照）が、附表第12項として番号変更され（IWC 1980b: 39）、その附表第12項が本年次会議で修正のうえ、附表第13項として改編された。

修正改編された附表第13項は次のとおりである。

附表 第13項

(a) 附表第10項の規定にもかかわらず、

(i) グリーンランド海域における体長35フィート（10.7m）を下回らない年間10頭のザトウクジラの捕殺は、登録総重量50トン未満の捕鯨船が使用される限りにおいて、これを許可する。

(ii) 先住民によるベーリング海資源ホッキョククジラの捕殺は、その鯨肉および鯨産物がもっぱら先住民による地域的消費に用いられる時にのみ、これを許可する。但し、以下の条件によるものとする。

(1) 1981年から1983年までの間において、総陸揚げ数は45頭を超えてはならず、総銛打ち数は65頭を超えてはならない。但し、いずれの年においても陸揚げ数は17頭を超えてはならない。

(2) 仔鯨もしくは仔鯨を伴っているホッキョククジラを銛打ち、捕獲、殺すことを禁止する。

(b) 北太平洋東資源コククジラの捕殺は、先住民もしくは先住民のために締約国政府によって行われ、かつその鯨肉および鯨産物がもっぱら先住民による地域的消費に用いられる時にのみ、これを許可する。本規定に従って1981年に捕殺されるコククジラの数は表1［省略］に示されている捕殺枠を超えてはならない。(IWC 1981a: 36–37)

本附表修正により、先住民生存捕鯨関連事項は、グリーンランドにおけるザトウクジラ捕鯨と、アメリカ合衆国アラスカ州におけるホッキョククジラ捕鯨については、附表第13項(a)として、ソ連邦チュコト地域のコククジラ捕鯨については、附表第13項(b)として整理された。

この附表第13項(a)(b)の規定は、以前の附表第11項よりは読みやすくなったが、(a)の中にデンマーク領グリーンランドとアメリカ合衆国アラスカ州における捕鯨を一緒のまま残しておくなど、整理が不十分な部分も残されている。この後、先住民生存捕鯨関連事項はこの附表第13項の中で修正、整理されていくことになる。

2.1.6. 先住民生存捕鯨の確立

1981年7月、生存捕鯨の管理原則に関する技術委員会の特別作業部会会合が第33回年次会議の前週に開催され、本会合において次のような「先住民生存捕鯨」ほかの定義が初めて提出された。

「先住民生存捕鯨」(Aboriginal Subsistence Whaling)
先住民による地域的消費を目的とした捕鯨であり、古くからの伝統的な捕鯨や鯨利用への依存が見られ、地域、家族、社会、文化的に強いつながりをもつ、原住民／先住民／土着の人々により、またそれらの人々に代わって行う捕鯨。(IWC 1981c: 3; 訳はフリーマン（1989: 190）を一部改変)

「先住民による地域的消費」(Local Aboriginal Consumption)
地域的な原住民／先住民／土着の人々の共同体による、それらの人々の栄養的、生存的、文化的な必要性を満たすための鯨産物の伝統的な利用。ここには先住民生存捕鯨による鯨の捕殺に伴う副産物の交易が含まれる。(IWC 1981c: 3)

これらの定義においては、先住民捕鯨に関する三部門専門家会議（1979年）における文化人類学専門家による「鯨産物の生存的な利用」の定義（2.1.4.参照）よりも、鯨産物の流通を認める地域の範囲が狭く設定され、また鯨産物の現金を介在した流通も認められていないように見受けられる。

しかしながら、定義を記載した文書において「いくらかの事例においては、鯨産物は実際に捕鯨が実施されている沿岸地域から離れた共同体にも分配され、利用されている」、「いくらかの地域においては、生存上の必要性を満たすために交易の慣行が出現している」、「生活必需品を購入するために鯨産物を販売することとそのような生活必需品と鯨産物を直接交換することの間に本質的な違いがあるかどうかについては議論の余地はある」(IWC 1981c: 7）と述べられており、特別作業部会の定義においても鯨産物の広域的な流通、あるいは現金を介在した流通が必ずしも否定されているわけではないのである。

さらに、特別作業部会の会合において、先住民生存捕鯨と商業捕鯨との相違について検討がなされ、両者は二側面（管理目的と捕殺目的）において対照的であることが示された。

すなわち、先住民生存捕鯨の主要管理目的はもっとも可能な高い水準で個々の資源を維持することであり、その主要捕殺目的は、栄養的、文化的必要性を満たすことである（IWC 1981c: 10)。一方、商業捕鯨の主要管理目的は個々の資源からの生産量を最大化することであり、その主要捕殺目的は鯨産物の販売である（IWC 1981c: 10)。

これらの二側面における相違から言いうることは、先住民生存捕鯨は捕鯨における「質」(文化的栄養的側面）を重視しているということであり、商業捕鯨は捕鯨における「量」(経済的側面）を重視しているということである。

最後に、特別作業部会は先住民生存捕鯨とその捕殺対象となっている鯨種との関係については、「個別資源に対する絶滅の危険性が、生存捕鯨によって著しく増大しないこと」が「先住民による捕鯨が彼らの文化的栄養的必要性にとってふさわしい水準で永続的になされること」に優先するとし、先住民生存捕鯨対象鯨種が先住民による捕鯨によって著しく絶滅の危険性が増大する場合には、先住民生存捕鯨の制限もやむなしとしている（IWC 1981c: 10)。

2.1.7. 商業捕鯨の一時停止と先住民生存捕鯨の管理厳格化

第34回年次会議（1982年）において、『国際捕鯨取締条約』附表に基づき先住民生存捕鯨を管理していくこと、およびその管理には当事者である先住民の協力が不可欠であることが確認され、あわせて、栄養的、生存的、文化的な必要性の見地から先住民生存捕鯨を考察、管理するための助言組織として、技術委員会の下に常設の先住民生存捕鯨小委員会が設立されることになった（IWC 1983: 38 Appendix 3)。これ以降、先住民生存捕鯨は『国際捕鯨取締条約』附表の枠内でより厳格に管理されていくようになっていく。

国際捕鯨委員会における先住民生存捕鯨管理厳格化の背景には、本第34回年次会議において、商業捕鯨の一時停止を求める附表修正案（沿岸捕鯨については1986年漁期から、母船式捕鯨については1985/86年漁期から、商業目的の捕殺枠をゼロとする附表修正案）が採択されたことがある（IWC 1983: 21)。商業捕鯨が停止されたならば、(商業）捕鯨の管理を目的として締約された『国際捕鯨取締条約』が果たす役割、および同条約の施行管理機関である国際捕鯨委員会の主要な仕事がなくなってしまうからである。あとは先住民生存捕鯨の管理しか残されていないのである（実際のところ、商業捕鯨一時停止以降、国際捕鯨委員会は生態系、環境、ホエール・ウォッチングなど『国際捕鯨取締条約』とはほとんど関係のないテーマを議題として、すなわち仕事として取り上げるようになる）。

さて、その商業捕鯨一時停止は捕鯨全般に多大なる影響を与えた。先住民生存捕鯨を規定している附表第13項についても、商業捕鯨一時停止にかかる附表修正にあわせて大幅に修正がなされた。

修正された附表第13項は次のとおりである。

附表 第13項

(a) 附表第10項の規定にもかかわらず、1984年漁期およびそれ以降の各漁期において先住民の生存上の必要性を満たすための先住民生存捕鯨用の捕殺枠は以下の原則に則って確立される。

(1) 最大持続生産量水準またはそれ以上にある資源については、先住民生存用の捕殺は最大持続生産量の90%を超えない範囲で許可される。

(2) 最大持続生産量水準以下であるが、ある程度の最小水準以上である資源については、先住民生存用の捕殺は資源を最大持続生産量水準に向かわせる水準の範囲内で許可される。

注）国際捕鯨委員会は科学委員会の助言に基づいて可能な限り、以下の2点を確立する。

(a) それ以下では鯨を捕殺してはならない最小の資源水準

(b) 各資源を最大持続生産量に向かわせる増加率

科学委員会は最小の資源水準および異なる管理制度の下で最大持続生産量に向かう増加率について助言を行う。

(3) 上記の規定は最良の科学的助言に基づいて常に再検討され、遅くとも1990年までに国際捕鯨委員会は諸資源に対するこれらの規定の影響についての包括的評価を行い、修正を考慮する。(IWC 1983: 40)

(b) 先住民生存捕鯨用の捕殺枠は次のとおりとする。

(1) グリーンランド海域における体長35フィート（10.7m）を下回らな

い年間10頭のザトウクジラの捕殺は、登録総重量50トン未満の捕鯨船が使用される限りにおいて、これを許可する。

(2) 先住民によるベーリング海資源ホッキョククジラの捕殺は、その鯨肉および鯨産物がもっぱら先住民による地域的消費に用いられる時にのみ、これを許可する。但し、以下の条件によるものとする。

(i) 1981年から1983年までの間において、総陸揚げ数は45頭を超えてはならず、総銛打ち数は65頭を超えてはならない。但し、いずれの年においても陸揚げ数は17頭を超えてはならない。

(ii) 仔鯨もしくは仔鯨を伴っているホッキョククジラを銛打ち、捕獲、殺すことを禁止する。

(3) 北太平洋東資源コククジラの捕殺は、先住民もしくは先住民のために締約国政府によって行われ、かつその鯨肉および鯨産物がもっぱら先住民による地域的消費に用いられる時にのみ、これを許可する。本規定に従って1983年に捕殺されるコククジラの数は表1［省略］に示されている捕殺枠を超えてはならない。

(4) 先住民による西グリーンランド資源ミンククジラおよびナガスクジラの捕殺は、その鯨肉および鯨産物がもっぱら先住民による地域的消費に用いられる時にのみ、これを許可する。本規定に従って捕殺される鯨の数は表1［省略］に示されている捕殺枠を超えてはならない。(IWC 1983: 40)

今回の附表修正において、先住民生存捕鯨に関する資源管理上の理論的枠組が附表第13項(a)として規定され、個別の先住民生存捕鯨は附表第13項(b)として一括された。以降、個別の先住民生存捕鯨関連事項はこの附表第13項(b)の中で修正、整理されていくことになる。

個別の先住民生存捕鯨のうち、アメリカ合衆国アラスカ州のホッキョククジラ捕鯨およびソ連邦チュコト地域のコククジラ捕鯨については形式的な変更のみで、実質的な変更はなされていない。これに対して大きく変わったのが、グリーンランドにおける捕鯨である。

従来、グリーンランドにおける捕鯨に関して、附表上、捕鯨実施者については明確に規定されておらず、グリーンランド島民であるならば、先住民、非先住民を問わず、捕鯨に従事できた。ところが、今回の附表修正において、附表第13項(b)の冒頭に「先住民生存捕鯨用の捕殺枠は次のとおりとする」（IWC 1983: 40）と明確な規定がなされた。その結果、グリーンランドにおいても先住民しか捕鯨に従事できなくなったのである。

また、これまではナガスクジラとミンククジラについては附表上、商業目的の捕鯨が認められてきたため、グリーンランドにおいてはこの2種の捕殺に関して先住民捕鯨か、あるいは商業目的の捕鯨かについて深くは議論されなかった。しかしながら、今回の附表修正の結果、グリーンランドにおいても、ナガスクジラとミンククジラの捕殺に関して先住民生存目的の捕鯨のみが許可されるものとして規定されたのである。

第34回年次会議（1982年）において、『国際捕鯨取締条約』が取り扱う13種の鯨類全てについて商業目的の捕鯨が一時停止されたため、条約上実施可能な捕鯨は先住民生存捕鯨だけとなった[4]。その結果、従来は捕鯨（ほとんど全ての捕鯨は現金の介在した鯨産物の流通を伴う）の周縁部に位置づけられていた先住民捕鯨が、商業目的の捕鯨（鯨産物の販売により利潤を追求する捕鯨）と対立するカテゴリーとしての先住民生存捕鯨として位置づけられるようになった。言い換えれば、先住民捕鯨が先住民生存捕鯨として確立されることにより、少なくとも理念的には商業的要素を含まないものとして取り扱われるようになったのである。捕鯨民の生活実態を知らない者にとって、利潤追求をめざさない現金の介在した鯨産物の流通の理解は難しい。ここに先住民生存捕鯨の不幸が始まるのである。

2.2. 先住民生存捕鯨—現状—

現時点（2014年）における最新の先住民生存捕鯨にかかる『国際捕鯨取締条約』附表の規定は、第65回国際捕鯨委員会隔年次会議（2014年）において修正された附表第13項(b)である。それを以下に掲げておく。70年前に僅か3行（原文）で始まった先住民生存捕鯨にかかる規定（2.1.1.参照）も2頁（原文）に及ぶようになった。

附表 第13項

(b) 先住民生存捕鯨用の捕殺枠は次のとおりとする。

(1) 先住民によるベーリング海＝チュクチ海＝ボーフォート海資源ホッキョククジラの捕殺は、その鯨肉および鯨産物がもっぱら先住民による地域的消費に用いられる時にのみ、これを許可する。但し、以下の条件によるものとする。

(i) 2013 年、2014 年、2015 年、2016 年、2017 年、2018 年において陸揚げされるホッキョククジラの総数は 336 頭を超えてはならず、これらの各年において銛打ち数は 67 頭を超えてはならない。但し、いずれの年においても 15 頭を超えない未使用分の銛打ち数は（2008 年から 2012 年までの捕殺枠からの未使用分の銛打ち数 15 頭分を含めて）次年度以降のいずれかの年に繰り越すことができる。

(ii) 本規定は科学委員会の助言に基づいて毎年、国際捕鯨委員会により見直される。

(2) 北太平洋東資源コククジラの捕殺は、先住民もしくは先住民のために締約国によってなされ、かつその鯨肉および鯨産物がもっぱら先住民による地域的消費に用いられる時にのみ、これを許可する。

(i) 2013 年、2014 年、2015 年、2016 年、2017 年、2018 年において本規定により捕殺されるコククジラの総数は 744 頭を超えてはならない。但し、2013 年、2014 年、2015 年、2016 年、2017 年、2018 年のいずれの年においても 140 頭を超えてはならない。

(ii) 本規定は科学委員会の助言に基づいて毎年、国際捕鯨委員会により見直される。

(3) 先住民による西グリーンランド資源および中央資源ミンククジラ、西グリーンランド資源ナガスクジラ、西グリーンランド索餌集団ホッキョククジラ、および西グリーンランド索餌集団ザトウクジラの捕殺は、その鯨肉および鯨産物がもっぱら地域的消費に用いられる時にのみ、これを許可する。

(i) 本規定により銛打ちされる西グリーンランド資源ナガスクジラの数は 2015 年、2016 年、2017 年、2018 年のいずれの年においても 19 頭を超えてはならない。

(ii) 本規定により銛打ちされる中央資源ミンククジラの数は2015年、2016年、2017年、2018年のいずれの年においても12頭を超えてはならない。但し、いずれの年においても3頭を超えない未使用分の銛打ち数は次年度以降のいずれかの年に繰り越すことができる。

(iii) 西グリーンランド資源ミンククジラの銛打ち数については2015年、2016年、2017年、2018年のいずれの年においても164頭を超えてはならない。但し、いずれの年においても15頭を超えない未使用分の銛打ち数は次年度以降のいずれかの年に繰り越すことができる。本規定は、新しい科学的データが4年以内に利用できるようになったならば再検討され、必要があれば科学委員会の助言に基づいて修正される。

(iv) 本規定により西グリーンランド沖において銛打ちされるホッキョククジラの数は2015年、2016年、2017年、2018年のいずれの年においても2頭を超えてはならない。但し、いずれの年においても2頭を超えない未使用分の銛打ち数は次年度以降のいずれかの年に繰り越すことができる。本規定は、新しい科学的データが4年以内に利用できるようになったならば再検討され、必要があれば科学委員会の助言に基づいて修正される。

(v) 本規定により西グリーンランド沖において銛打ちされるザトウクジラの数は2015年、2016年、2017年、2018年のいずれの年においても10頭を超えてはならない。但し、いずれの年においても2頭を超えない未使用分の銛打ち数は次年度以降のいずれかの年に繰り越すことができる。本規定は、新しい科学的データが銛打ち数割当の残余期間内に利用できるようになったならば再検討され、必要があれば科学委員会の助言に基づいて修正される。

(4) 2013年から2018年までの漁期中、セント・ヴィンセントおよびグレナディーン諸島国ベクウェイ島民により捕殺されるザトウクジラの数は24頭を超えてはならない。その鯨肉および鯨産物はセント・ヴィンセントおよびグレナディーン諸島国においてもっぱら地域的消費のために用いられなければならない。(IWC 2013b: 152; 2014f: 7)

図2－1　先住民生存捕鯨—2014年—

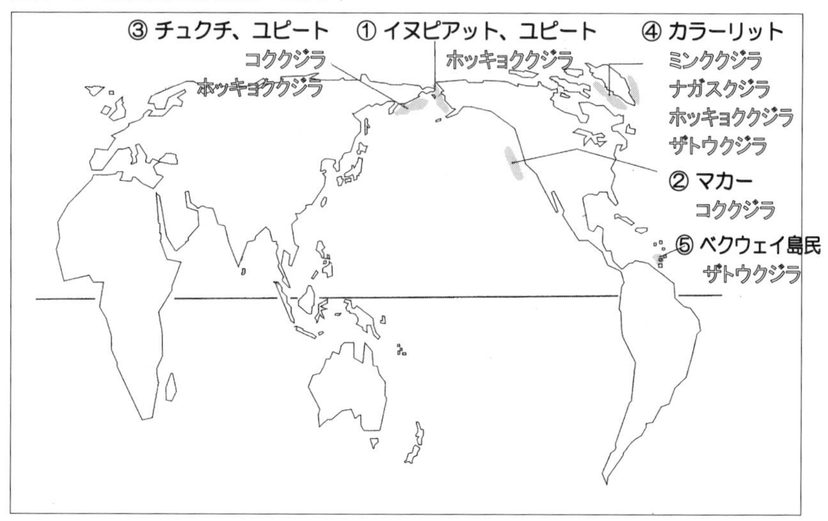

（出典：小松（2001: 108）を改変して作成）

この附表第13項(b)を『国際捕鯨委員会年報』および各地域の民族誌を参考にしながら、「国／地域／民族集団」と「鯨」との関係から整理しなおし、地図上に表したものが「図2－1」、一覧表にしたものが「表2－1A」「表2－1B」[5]である。

『国際捕鯨取締条約』附表においては、先住民生存捕鯨は国、地域や民族集団に基づいて管理されておらず、鯨種あるいは系群に基づいて管理されている。附表に従えば、次のとおりである。

(1) ベーリング海＝チュクチ海＝ボーフォート海資源（系群）ホッキョククジラ

(2) 北太平洋東資源（系群）コククジラ

(3) 西グリーンランド資源（系群）および中央資源（系群）ミンククジラ、西グリーンランド資源（系群）ナガスクジラ、西グリーンランド索餌集団ホッキョククジラ、西グリーンランド索餌集団ザトウクジラ

(4) セント・ヴィンセントおよびグレナディーン諸島国ベクウェイ島民により捕殺されるザトウクジラ（IWC 2013b: 152; 2014f: 7）

表2-1A　先住民生存捕鯨―2014年―

国／地域／民族集団		捕鯨主体	鯨　種	推計生息数	年間 捕殺枠	捕殺数 （2013年）
①	アメリカ合衆国 アラスカ州 イヌピアット、 ユピート	先住民	ホッキョク クジラ	16,892頭 （2011年）	51頭	陸揚げ46頭 亡失11頭
②	アメリカ合衆国 ワシントン州 マカー	先住民	コククジラ	21,210頭 （2009-10年）	4頭	（中断中）
③	ロシア連邦 チュコト自治管区 チュクチ、 ユピート	先住民	コククジラ	21,210頭 （2009-10年）	120頭	陸揚げ125頭 亡失2頭
			ホッキョク クジラ	16,892頭 （2011年）	5頭	陸揚げ1頭
④	デンマーク グリーンランド カラーリット	先住民	ミンク クジラ	西：16,100頭 （2007年）	164頭	陸揚げ166頭 亡失9頭
				東：40,000頭 （2005/07年）	12頭	陸揚げ4頭 亡失2頭
			ナガス クジラ	4,500頭 （2007年）	19頭	陸揚げ9頭
			ホッキョク クジラ	1,274頭 （2012年）	2頭	ゼロ
			ザトウ クジラ	2,704頭 （2007年）	10頭	陸揚げ7頭 亡失1頭
⑤	セント・ヴィンセントおよびグレナディーン諸島国 ベクウェイ島民	非先住民	ザトウ クジラ	11,600頭 （2003年）	4頭	陸揚げ4頭

（出典：注5）

表2-1B　先住民生存捕鯨―2014年―

国／地域／民族集団		捕鯨用ボート、船の材質	動力源	捕殺道具	鯨産物利用法	鯨産物流通域	鯨産物の意義
①	アメリカ合衆国 アラスカ州 イヌピアット、 ユピート	獣皮製 木製 アルミ製	手漕ぎ 船外機	手投げ銛 ショルダーガン ダーティングガン	分　配	地域内 州内 米国内	食料 文化的意義
②	アメリカ合衆国 ワシントン州 マカー	木製	手漕ぎ	手投げ銛 ライフル銃	分　配	地域内	食料 文化的意義
③	ロシア連邦 チュコト自治管区 チュクチ、 ユピート	木製 FRP製	船外機	手投げ銛 ライフル銃 ダーティングガン	分　配 現　金 販　売	地域内	食料 現金収入源 文化的意義
④	デンマーク グリーンランド カラーリット	鋼鉄製 FRP製	エンジン 船外機	捕鯨砲 ライフル銃 手投げ銛	分　配 現　金 販　売	地域内 島内 デンマーク本土	食料 現金収入源 文化的意義
⑤	セント・ヴィンセントおよびグレナディーン諸島国 ベクウェイ島民	木製	手漕ぎ 帆	手投げ銛 ヤス ショルダーガン ダーティングガン	分　配 現　金 販　売	島内 近隣島嶼部	食料 現金収入源 文化的意義

（出典：注5）

鯨類資源の利用と管理を目的とする条約の主旨からすれば、鯨種あるいは系群に基づいて（すなわち、生物種としての「クジラ」そのものが中心となって）、議論がなされるのが当然なのかもしれない。

これに対して、文化人類学を専攻する筆者は生物種としての「クジラ」そのものではなく、「人と鯨との関係」を考察対象としている。それゆえ、筆者は上記(1)～(4)を「国／地域／民族集団」に基づいて、すなわち、①アメリカ合衆国アラスカ州の先住民（イヌピアット、ユピート）による捕鯨、②アメリカ合衆国ワシントン州の先住民マカーによる捕鯨、③ロシア連邦チュコト自治管区の先住民（チュクチ、ユピート）による捕鯨、④デンマーク領グリーンランドの先住民（カラーリット）による捕鯨、⑤セント・ヴィンセントおよびグレナディーン諸島国ベクウェイ島民による捕鯨、に整理しなおしているのである。

表2－1Bの捕鯨用ボート（船）の材質、動力源、捕殺道具、鯨産物の利用法、鯨産物の流通域、鯨産物の意義などを一瞥すれば、先住民生存捕鯨の幅広さ、多様性を理解することができる。これらの幅広さ、多様性を考慮せずに先住民生存捕鯨として一括することにより、様々な無理が生じ、国際捕鯨委員会において先住民生存捕鯨にかかる議論が紛糾する原因になっているのである。

2.3. 先住民生存捕鯨―課題―

2.3.1. グリーンランド捕鯨をめぐる攻防

2.3.1.1. ザトウクジラ捕鯨

近年、国際捕鯨委員会における先住民生存捕鯨にかかる議論に関して多くの時間が費やされているのが、デンマーク領グリーンランドにおける先住民生存捕鯨（特に、ザトウクジラ捕鯨）である。グリーンランドは第37回年次会議（1985年）において、先住民生存捕鯨としてのザトウクジラの捕殺枠（年間8頭）を取り消されたのであるが（IWC 1986a: 18）、その捕殺枠の再設定（年間10頭）を第59回年次会議（2007年）から要求しつづけてきた。第59回年次会議においては自らその要求を取り下げ（IWC 2008a: 22）、第60回年次会議（2008年）では投票によってその要求が否決され（IWC 2009: 23）、第61回年次会議（2009年）においても議長裁定によりその要求は先送りされた（IWC 2010: 24）。

結局、第62回年次会議（2010年）において、ナガスクジラの年間銛打ち数を19頭から10頭に削減する（附表上は19頭から16頭に削減し、さらに16頭から10頭に自主的に削減する）かわりに、ザトウクジラの年間銛打ち数9頭を新規に設定するという合意が、グリーンランドの本国デンマークとデンマークが加盟するヨーロッパ連合（EU）との間に成立し、本件附表修正は総意により合意された（IWC 2011a: 19）。

ナガスクジラの年間銛打ち数を19頭から10頭に9頭削減するかわりに、ザトウクジラの年間銛打ち数9頭を新規に設定する。捕殺される可能性のある大型鯨類を総数でみれば増減なし。非常にわかりやすい政治的決着である。そこには鯨種ごとの生物学的特性、資源状況の違いなどを考慮に入れた科学はなく、大型鯨類の捕殺数の増加を望まない反捕鯨国のイデオロギーのみが見出されるだけである。国際交渉には政治的妥協も必要であり、また先住民の暮らしを考慮に入れた合意が成立したことも悪くはないが、最終的に数合わせで決着することに筆者はどうしても違和感を覚えるのである。

国際捕鯨委員会におけるグリーンランドのザトウクジラ捕鯨をめぐる混乱はこれで終わらなかった。全ての先住民生存捕鯨が更新期を迎えた第64回年次会議（2012年）において、アメリカ、ロシア、セント・ヴィンセントおよびグレナディーン諸島国は年間捕殺枠（銛打ち数）については従来どおりとし、捕鯨期間の更新だけを求める3か国共同附表修正提案を行い、投票の結果、承認された（IWC 2013a: 19-21）。これに対して、デンマーク（グリーンランド）は、ナガスクジラの年間銛打ち数10頭から19頭への引き上げと、ザトウクジラの年間銛打ち数9頭から10頭への引き上げを求める附表修正提案（ミンククジラとホッキョククジラについては従来どおりの銛打ち数）を行ったが、ヨーロッパ連合[6)]、ラテンアメリカ諸国などが反対し、附表修正提案は投票により否決された（IWC 2013a: 19, 22-23）。

2年前のヨーロッパ連合との政治的妥協の経緯を考えたならば、デンマーク（グリーンランド）の捕殺枠（銛打ち数）の増加要求が否決されることは目に見えていた。デンマーク側にあえて否決される方向に突き進んだ理由があると思われるが、その真意は不明である。否決後、附表修正に反対したニュージーランド代表は「グリーンランドはたった2年前に合意された捕殺枠と同じ水準で更新することが可能であっただろう。そうすることがグリーンランドにとって分別のあるやり方であった」（IWC 2013a: 24）と語っている。強硬な反捕鯨国であるニュージーランドと捕鯨政策に関して意見が一致することはまずない筆者であるが、この見解には同意する。アメリカ、ロシア、セント・ヴィンセントおよびグレナディーン諸島国と足並みを揃えて捕鯨期間の更新だけを求める4か国共同附表修正提案としていれば、承認されていたはずである。

デンマーク（グリーンランド）にとって仕切りなおしの場は、第65回隔年次会議（2014年）であった。前年次会議の失敗に懲りたデンマークは事前にヨーロッパ連合と話をつけていた。双方が合意したのが、グリーンランドの先住民生存捕鯨にかかるデンマークの附表修正案（IWC 2014e）と、デンマークを含むヨーロッパ連合25か国による全ての先住民生存捕鯨に対する国際捕鯨委員会の管理強化をめざす決議案（IWC 2014f: 8）の抱き合わせ提案であった。グリーンランドの先住民生存捕鯨の捕殺枠（銛打ち数）を承認することによりデンマークの利益となり、全ての先住民生存捕鯨の管理強化をめざすことで反捕鯨を共通理念[7]とするヨーロッパ連合の顔も立つ。第62回年次会議（2010年）における「ナガスクジラの銛打ち数を9頭削減するかわりにザトウクジラの銛打ち数9頭を新規に設定する」という政治決着と同様の決着であった。グリーンランドの先住民生存捕鯨にかかるデンマークの附表修正提案は、投票の結果、賛成46か国、反対11か国、棄権3か国で採択された（IWC 2014g: 10）。今回反対したのはラテンアメリカ諸国からなる「ブエノスアイレス・グループ」[8]11か国だけであった（IWC 2014f: 21; 2014g: 9-10）。

採択されたグリーンランドの先住民生存捕鯨にかかる附表修正部分は、前節（2.2.）の冒頭に掲げた附表第13項(b)(3)(i)、(ii)、(iii)、(iv)、(v)である。

2.3.1.2. 鯨産物の流通と商業性

グリーンランドの先住民生存捕鯨に関して、捕鯨従事者が居住している地域共同体を超えた鯨産物の流通、あるいは鯨産物の現金販売にかかる商業性の有無などが時として議論の的（反捕鯨国、反捕鯨団体からの攻撃材料）となる。

第54回年次会議（2002年）において、グリーンランドからデンマーク本国への鯨産物の流通は、先住民生存捕鯨の定義をなす鯨産物の地域的消費に違反しているのではないのか、と反捕鯨国から疑問が投げかけられ（IWC 2003a: 17)、第55回年次会議（2003年）では、捕鯨従事者が公営企業に鯨産物を売り渡すのは商業的行為ではないのか、との指摘もなされた（IWC 2004: 79)。

デンマーク本国に居住しているグリーンランド出身の先住民にグリーンランドから鯨産物を移送することは、先住民による鯨産物の消費であり、捕鯨実施地域からの空間的距離の遠近のみが地域的消費を規定しているわけではない。問題となるのは、誰が鯨を捕殺し、誰が鯨を流通させ、誰が鯨を消費するのかである。その局面に先住民が関わっていれば、それほど目くじらを立てる必要はない。

現金販売についても同様である。今日、グローバル化した経済の下、先住民といえども捕鯨ボートやライフル銃などの捕鯨道具を準備し、また燃料や弾薬など捕鯨を維持するためにも現金が必要である。国土の大半を氷床に覆われたグリーンランドの地で暮らす先住民にとって、それほど現金収入源はあるわけではない。鯨産物を販売して、その収入で捕鯨の必要経費を賄うことは当然のことである。決して利潤を得るために販売しているわけではないのである。

2.3.2. マカー捕鯨をめぐる混乱

ある捕鯨が先住民生存捕鯨として承認されるか否かは、前項（2.3.1.）でみたように国際捕鯨委員会における力関係によって、政治的に決定される。

先住民生存捕鯨が政治的に決定された典型的事例が、アメリカ合衆国ワシントン州に居住する先住民マカーのコククジラ捕鯨である。マカーのコククジラ捕鯨は1920年代後半に中止されたが、70年以上を経た1997年に先住民生存捕鯨として承認され、再興されたのである。アメリカ以外の先住民では多分、絶対にありえなかったことである。

以下、マカー捕鯨再開の顚末を要約して掲げておく（浜口 2013a 参照)。

1855年　『ニアベイ条約』[9]締約。同条約第4条、マカーの捕鯨権を保障。

1920年代後半　マカー捕鯨中止。

1973年　アメリカ、『絶滅の危機に瀕した種の保護法』制定。コククジラを絶滅危惧種リストに登載。
1994年　コククジラを絶滅危惧種リストから削除。
1995年　マカー、文化復興運動としての捕鯨再開運動を開始。
1996年　アメリカ、第48回国際捕鯨委員会年次会議において、先住民生存捕鯨としてのマカー捕鯨の承認を要求（会期中に取り下げ）。
1997年　第49回国際捕鯨委員会年次会議、マカーのコククジラ捕鯨を先住民生存捕鯨として承認。
1997年　アメリカ国内の反捕鯨団体、マカー捕鯨の差し止めを求めて提訴。
1999年　マカー、コククジラ1頭の捕殺に成功。
2002年　第9連邦巡回控訴裁、マカー捕鯨の実施に関して、(1)『環境政策法』に基づく「環境影響衡撃度報告書」の作成、(2)『海洋哺乳類保護法』に基づく海洋哺乳類捕殺のための適用除外申請および許可書の取得、を命じる判決。
2005年　マカー、海洋漁業局に対して『海洋哺乳類保護法』に基づく海洋哺乳類捕殺のための適用除外申請を提出。
2007年　マカーの一部、国内法を無視してコククジラ1頭の捕殺に挑戦。
2008年　2007年の捕鯨に参加した5人のマカーに有罪判決。
2008年　海洋漁業局、「環境影響衡撃度報告書」草案を公表。パブリック・コメントの募集を告知。
2012年　海洋漁業局、「環境影響衡撃度報告書」草案を破棄。新草案作成の準備に着手。

（結局のところ、マカーが1999年に先住民生存捕鯨としてコククジラを1頭捕殺した後、2014年末現在、マカー捕鯨はアメリカ国内法の規定により中断したままである。）

反捕鯨国にあらずとも、70年以上も捕鯨を行わずに暮らしてきた人々にとって、捕鯨の文化的意義、あるいは鯨産物の栄養的必要性が本当にあるのかと疑問を抱くのは当然のことである。その当然さゆえに、第48回国際捕鯨委員会年次会議において猛反発を受けたアメリカは、会期中に捕殺枠要求を取り下げている（IWC 1997: 24–28）。

僅か1年でマカー捕鯨再開にかかる数々の疑問の全てが解消されるわけでもない。正当性が完全に証明されている捕鯨に対しても、無理難題を押しつけて捕鯨を認めないとするのが反捕鯨国である。誰が見てもその正当性に疑問符がつくマカーの要求に反捕鯨国が素直にうなずくわけはない。認めさせるためには高度の戦術が必要となってくる。

その戦術とはロシア＝アメリカの共同提案であった（IWC 1998: 29–30）。マカーが捕殺枠を要求した北太平洋東資源コククジラは、ロシア連邦チュコト地域の先住民に先住民生存捕鯨としての捕殺枠が認められている鯨種でもある。マカーの捕殺枠要求に反対との理由で共同提案を否決したならば、捕殺枠が認められてきたチュコト地域の先住民も捕鯨に従事できなくなる。それはあまりにも理不尽ということで、多くの反捕鯨国は共同提案を否決しなかったのである。

しかも、それに加えて従来はアメリカ合衆国アラスカ州の先住民にしか認められていなかったベーリング海＝チュクチ海＝ボーフォート海資源ホッキョククジラの捕殺を、同じく共同提案という形でロシア連邦チュコト地域の先住民にも認めさせている（IWC 1998: 27–28）。米ロ両国が双方の先住民のためにそれぞれの捕殺枠を交換した形で米ロ両国の先住民に新捕殺枠が認められたのである。それは科学的議論に基づくものではなく、周到な戦術に基づく政治力行使の結果であった。

以上のことから、国際捕鯨委員会の議論は、科学ではなく政治で決着するということがよくわかるのである。

2.4. 小括

以下、本章において考察したことをまとめておく。

『国際捕鯨取締条約』および同条約附表の締約時（1946年）においては、先住民による地域消費目的の捕鯨である限り、鯨肉ほか鯨産物の地域内における現金を伴った流通は条約上、必ずしも排除されていたわけではなかった。先住民捕鯨といえども、経費を賄い捕鯨を継続するために必要な現金の介在を伴う鯨産物の流通を完全に排除することは現実的ではないからである。

ところが、その後の附表修正の過程で、先住民捕鯨の主体者（実施者）が先住民および先住民が帰属する条約締約国であることが明確化され、それにあわせて先住民捕鯨からできる限り商業性を取り除こうとする動きが出てくる（第16回年次会議、1964年）。

1970年代に入り、商業捕鯨の一時停止に向けての議論が高まるにつれて、先住民捕鯨についても商業目的の捕鯨ではなく、先住民の生存のための捕鯨であることをより明確に表した名称「生存先住民捕鯨」が用いられるようになり（第30回年次会議、1978年；第31回年次会議、1979年）、最終的にその名称は「先住民生存捕鯨」に収斂していく（第32回年次会議、1980年）。

その先住民生存捕鯨の定義が確立されたのが、生存捕鯨の管理原則に関する技術委員会の特別作業部会会合（1981年）を経て、第33回年次会議（1981年）から商業捕鯨の一時停止が採択された第34回年次会議（1982年）にかけてである。商業捕鯨の一時停止の結果、先住民生存捕鯨は条約上残された唯一可能な捕鯨カテゴリー（商業捕鯨と対立する捕鯨カテゴリー）となり、従来以上に先住民生存捕鯨から商業性の排除が厳格に求められるようになっていく。捕鯨民の生活実態を知らない者にとって、利潤追求をめざさない現金の介在した鯨産物の流通の理解は難しい。ここに先住民生存捕鯨から現金の介在した鯨産物の流通を排除しようとする不幸が始まるのである。

鯨産物の流通およびその販売における商業性との関連で国際捕鯨委員会においてたびたび議論されてきたのが、グリーンランドである。本国デンマークから遠く離れ、また広い国土に分散して先住民が居住するグリーンランドでは、鯨産物の流通には他地域と比べて経費がかかる。また銃弾や燃料の購入にも現金が必要である。それらの経費をいかにして賄うのか。鯨産物の販売から得られた現金が必要経費を賄うために用いられるのは、当然のことである。

この鯨産物の販売における商業性の問題以上に厳しく議論されたのが、グリーンランドにおけるザトウクジラ捕鯨である。グリーンランドの先住民生存捕鯨としてのザトウクジラの捕殺枠（銛打ち数）の再設定をめぐる議論は、第59回年次会議（2007年）から第65回隔年次会議（2014年）まで続いた。

第65回隔年次会議において一応の決着をみたが、これで終わる保証はない。この再設定をめぐるゴタゴタ劇は、単純化すればザトウクジラ1頭の捕殺の可否についてのデンマーク（グリーンランド）と反捕鯨国とのせめぎあいであった。その1頭の捕殺でザトウクジラが絶滅の危機に瀕するわけでもない。そこにみられたのは、1頭でも鯨類の捕殺数を減じようとする反捕鯨国の理不尽さだけであった。

科学的議論で話が決着しない以上、残された道は政治的な取引しかない。結局、反捕鯨国側がザトウクジラを含む4種の鯨類を対象とするグリーンランドの先住民生存捕鯨を承認することと引き換えに、グリーンランドを含む全ての先住民生存捕鯨に対する国際捕鯨委員会の管理強化をめざす決議案を採択することで、ゴタゴタ劇は決着したのであった。この一例から、国際捕鯨委員会の議論は科学ではなく、政治で決まることがよくわかるのである。

グリーンランドにおけるザトウクジラ捕鯨と同様、国際捕鯨委員会における議論が科学ではなく政治で決着することを例証したのが、アメリカ合衆国ワシントン州に住む先住民マカーのコククジラ捕鯨であった。70年以上も捕鯨から遠ざかっていたマカーが、僅か2回の年次会議の議論で先住民生存捕鯨として承認されたのは、米ロ両国が双方の先住民のために高度な政治力を行使した結果であった。反捕鯨国が優越する国際捕鯨委員会の状況を考えたならば、絶対にありえないと思えることが時には起こり、驚かされることがある。それがマカー捕鯨の先住民生存捕鯨としての承認であった。

注

1）北極圏におけるセミクジラ捕鯨は17世紀初頭に開始されたが、20世紀初頭には同海域のセミクジラは捕り尽くされてしまった（山下 2004: 92-108）。北太平洋東資源コククジラの捕鯨船による商業捕鯨開始前（1845年）の推計生息数は1万5000頭程度、商業捕鯨中止後（1874年）の推計生存数は4000頭程度であった。20世紀に入って以降、今度は沿岸捕鯨施設による商業捕鯨が開始され、この商業捕鯨、それに科学研究目的の捕獲調査などをあわせてさらに4000頭程度が捕殺されている（Henderson 1984: 176）。

2）1991年12月25日、ソビエト社会主義共和国連邦のゴルバチョフ大統領が辞任してソ連邦は崩壊、その後、エリツィン大統領率いるロシア連邦が誕生した。

本書においては、第43回国際捕鯨委員会年次会議（1991年）まではソビエト社会主義共和国連邦またはソ連邦と表記し、第44回年次会議（1992年）以降はロシア連邦またはロシアと表記する。

3）『国際捕鯨取締条約』締約当時、セミクジラにはホッキョククジラも含まれており、ホッキョククジラはホッキョクセミクジラ、グリーンランドセミクジラなど様々に呼称されていた（Tillman 2008: 438）。

4）『国際捕鯨取締条約』第5条第3項にいう異議申し立てによる捕鯨は条約の適用除外規定であるため、また第8条第1項にいう科学研究目的の鯨類捕獲調査は条約に対する例外規定であるため別扱いとする。

5）表2－1A、表2－1Bの作成に使用した資料はIWC（2013a; 2014a; 2014b; 2014c）に加えて、Caulfield（1997）、浜口（2002a; 2003）、池谷（2006; 2008）、岸上（2007; 2009a）、Ugarte（2007）である。表2－1Aにおいては「年間捕殺枠」と表記したが、実際のところ捕殺枠の多くは6年間の「ブロック・クォータ」（複数年一括枠）として割り当てられている。例えば、ベーリング海＝チュクチ海＝ボーフォート海資源ホッキョククジラについては2013年から2018年までの6年間の総陸揚げ数が336頭である（IWC 2013b: 152）。1年間にすれば56頭、このうち5頭がロシアの先住民（チュクチ、ユピート）に割り当てられている（IWC 1998: 27-28参照）。

6）2012年時点におけるヨーロッパ連合構成国は27か国、そのうち25か国が『国際捕鯨取締条約』を締約している。ヨーロッパ連合構成国のうち、オーストリア、ベルギー、キプロス、チェコ、エストニア、フィンランド、フランス、ドイツ、アイルランド、イタリア、ルクセンブルグ、オランダ、ポーランド、スロベニア、スペイン、スウェーデン、イギリスの17か国が附表修正提案に反対した（IWC 2012a: 33）。

7）ヨーロッパ連合は2008年にその共通理念として「反捕鯨」を採択している（高橋 2009: 41）。

8）「ブエノスアイレス・グループ」とは、アルゼンチン、ブラジル、チリ、コロンビア、コスタリカ、ドミニカ共和国、エクアドル、メキシコ、パナマ、ペルー、ウルグアイのラテンアメリカ諸国11か国である（IWC 2014g: 9）。近年、国際捕鯨委員会の議論において、ブエノスアイレス・グループの反捕鯨行動は突出している。その理由を解明するのが、筆者の今後の課題である。

9）『ニアベイ条約』（*Treaty with the Makah, 1855; the Treaty of Neah Bay*）は全14条からなり、マカーの居住地域の権利放棄とアメリカ合衆国政府への割譲（第1条）、アメリカ合衆国政府指定のマカーの居留地の画定（第2条）、居留地への移住の同意（第3条）など圧倒的にマカーにとって不利な条約となっているが、マカーが慣習的に利用してきた地域における漁業、捕鯨、アザラシ漁の権利が保障されている（第４条）（浜口 2013a: 162）。この『ニアベイ条約』第４条の規定を根拠にマカーは捕鯨再開運動を開始したのである。

第3章　セント・ヴィンセントおよびグレナディーン諸島国ベクウェイ島の先住民生存捕鯨 ―国際捕鯨委員会における議論―

セント・ヴィンセントおよびグレナディーン諸島国ベクウェイ島のザトウクジラ捕鯨は、『国際捕鯨取締条約』附表第13項(b)(4)において先住民生存捕鯨として承認されている（2.2.および図2－1、表2－1A⑤、表2－1B⑤、参照）。以下、本章においてはこの附表第13項(b)(4)の修正に焦点をあて、捕鯨をめぐる国際関係の中でベクウェイ島のザトウクジラ捕鯨がどのように取り扱われてきたのかについて考察する。

3.1. 第30回年次会議（1978年）から第37回年次会議（1985年）までの状況―先住民生存捕鯨前史―

ベクウェイ島のザトウクジラ捕鯨が国際捕鯨委員会において初めて言及されたのが、第30回年次会議（1978年）においてである。同年次会議において、国際捕鯨委員会非加盟捕鯨実施国に対して同委員会に加盟することを要請する決議案が採択された（IWC 1979b: 37）。同決議案の付録文書「非加盟捕鯨国」において、ベクウェイ島のザトウクジラ捕鯨が取り上げられている（IWC 1979b: 37）。本年次会議以降、ベクウェイ島のザトウクジラ捕鯨は毎年、国際捕鯨委員会において話題にあがるようになる。

第31回年次会議（1979年）において、イギリスがベクウェイ島沖での年間平均1頭の小規模なザトウクジラ捕鯨について見解を述べている（IWC 1980b: 30）。

第32回年次会議（1980年）の先住民生存捕鯨小委員会において、北大西洋資源ザトウクジラのベクウェイ島における捕殺数情報は入手できておらず、本資源ザトウクジラの捕殺に関わっている未締約国に対して、国際捕鯨委員会に従うように要請すべきであるとの議論がなされている（IWC 1981b: 136-137）。

このような国際捕鯨委員会におけるベクウェイ島のザトウクジラ捕鯨をめ

ぐる議論を受けて、ベクウェイ島が帰属するセント・ヴィンセントおよびグレナディーン諸島国は、第33回年次会議（1981年）の会期中に『国際捕鯨取締条約』の締約国となった（IWC 1982a: 17）。

同国は条約締約後の初めての年次会議である第34回年次会議（1982年）において、この前の冬にベクウェイ島においてザトウクジラ3頭の捕殺があったことを報告している（IWC 1983: 29）。

第35回年次会議（1983年）において、国際捕鯨委員会総会はセント・ヴィンセントおよびグレナディーン諸島国による1983年3月、4月の2頭のザトウクジラの捕殺は『国際捕鯨取締条約』附表違反とみなすことで合意し、セント・ヴィンセントおよびグレナディーン諸島国政府に対して、捕鯨に関する法律と規則の謄本およびその捕鯨活動における明らかな違反についての報告書の提出を強く要求する勧告を承認した（IWC 1984: 15）。

この勧告を受けて、セント・ヴィンセントおよびグレナディーン諸島国代表は、同国には捕鯨に関する法律がなかったと思うが、そのことを確認すると述べ、また本年先住民生存捕鯨にかかる捕殺枠を要求するとも述べている（IWC 1984: 15）。

『国際捕鯨取締条約』の締約国となった以上、同条約に拘束される。それは当然のことである。セント・ヴィンセントおよびグレナディーン諸島国のザトウクジラ捕鯨が、同条約附表において先住民生存捕鯨として承認されていない現状では、いかなる形態にせよ、ザトウクジラの捕殺は違反を構成する。条約の締約という事実に同国の現状が追いついていないのである。セント・ヴィンセントおよびグレナディーン諸島国の対応が遅れれば遅れるほど、締約国各国の同国のザトウクジラ捕鯨に対する取り扱いは厳しくなっていく。

第36回年次会議（1984年）の科学委員会においては、セント・ヴィンセントおよびグレナディーン諸島国のザトウクジラ捕鯨について特に議論はなく、1983年同島においてザトウクジラ4頭が捕殺されたとする文書化されていない報告があったとする記録がなされているのみである（IWC 1985: 49）。

第37回年次会議（1985年）においても同様で、科学委員会においては、セント・ヴィンセントおよびグレナディーン諸島国のザトウクジラ捕鯨について特に議論はなく、1984年同島において捕殺は報告されていないと記録されているのみである（IWC 1986b: 51）。

3.2. 第38回年次会議（1986年）における議論および第39回年次会議（1987年）における附表の修正―先住民生存捕鯨の承認―

第38回年次会議（1986年）において、違反小委員会は、セント・ヴィンセントおよびグレナディーン諸島国からの違反報告（1984年分）がいまだに提出されていないことに懸念を表明すると共に、次の年次会議において1986年のザトウクジラの全ての捕殺について詳細な報告書を提出するように勧告した（IWC 1987: 15）。

その一方、先住民生存捕鯨小委員会において、セント・ヴィンセントおよびグレナディーン諸島国は、同国ベクウェイ島民による先住民生存捕鯨を支えるための捕殺枠を正式に要求した（IWC 1987: 19）。同国によれば、ベクウェイ島における生存捕鯨は、国際捕鯨委員会により確立された先住民適用除外基準の全てと一致し、また鯨産物は地域共同体においてのみ用いられている（IWC 1987: 19）。セント・ヴィンセントおよびグレナディーン諸島国政府は、次の年次会議前に本小委員会に報告書を提出する予定であるとし、これまでの会議において記録された違反については遺憾の意を表明、先住民生存捕鯨の存在を確立し、非常に慎ましい捕殺枠を獲得することにより、将来の違反を解決することができるとしている（IWC 1987: 19）。技術委員会が翌年、先住民生存捕鯨小委員会の報告書に基づいて本要求について検討することに合意したことを国際捕鯨委員会総会は記録に留めた（IWC 1987: 19）。

第39回年次会議（1987年）において、先住民生存捕鯨小委員会はベクウェイ島における捕鯨の事実およびその内容を検討し、その先住民生存捕鯨性を承認した（IWC 1988: 21）。

先住民生存捕鯨小委員会における先住民生存捕鯨性の承認を受けて、セント・ヴィンセントおよびグレナディーン諸島国は技術委員会において、附表第13項(b)に(4)として同国ベクウェイ島のザトウクジラの捕殺枠を追加する附表修正を提案（本提案はアイスランド、セントルシアが支持）、同案は技術委員会において合意され、さらに一部の文言に修正を加えたうえで、国際捕鯨委員会総会において承認された（IWC 1988: 21）。

最終的になされた附表修正は次のとおりである。

附表 第13項(b)

（4）1987/88年漁期から1989/90年漁期において、セント・ヴィンセントおよびグレナディーン諸島国ベクウェイ島民による年間3頭（注）のザトウクジラの捕殺は、その鯨肉および鯨産物が同国における地域的消費のために用いられる時にのみ、これを許可する。

注）本数値は毎年再検討され、必要があれば科学委員会の助言に基づいて修正される。（IWC 1988: 31）

なお、先住民生存捕鯨小委員会は、乳飲仔鯨あるいは仔鯨を伴った母鯨の捕殺を禁止した附表第14項とベクウェイ島のザトウクジラ捕鯨との関係に注意を払う一方、セント・ヴィンセントおよびグレナディーン諸島国は技術委員会において、同国に存在する唯一の銛手が附表第14項に従うように将来努力すると述べている（IWC 1988: 21）。

これらの事実から、後に議論が紛糾する母仔連れに見える鯨を捕殺するベクウェイ島の捕鯨の現実と附表第14項との齟齬が、先住民生存捕鯨の承認時から存在していたことがわかるのである。

3.3. 第40回年次会議（1988年）における議論 —母仔連れ鯨捕殺の問題化—

セント・ヴィンセントおよびグレナディーン諸島国ベクウェイ島のザトウクジラ捕鯨は、第39回年次会議（1987年）において先住民生存捕鯨として承認されたものである。その承認翌年の第40回年次会議（1988年）の違反小委員会において、当初から懸念されていた母仔連れに見える鯨の捕殺が現実の違反案件として取り上げられた。同国は仔鯨あるいは仔鯨を伴った母鯨を捕殺しないようにするために、国内的な法律および適切な処罰の制定についての議論がなされていると述べ（IWC 1989: 17）、この時点では母仔連れに見える鯨の捕殺の問題については、今年次会議の議論を乗り切ることができれば、それでよいと考えていたようである。ところが、この母仔連れに見える鯨の捕殺問題は翌年の年次会議以降も尾を引いていく。

科学委員会は、ベクウェイ島＝セント・ヴィンセント島繁殖海域のザトウクジラと北大西洋西部の他のザトウクジラとの直接の関係は未知ではあるが、年間3頭までの捕殺はその資源を過度に害することはないであろうということに合意した（IWC 1989: 22）。年間3頭程度の捕殺であるならば、科学的不確実性も許容されるということなのであろう。

技術委員会において、セント・ヴィンセントおよびグレナディーン諸島国は同国の唯一の銛手は67歳であるので、捕鯨の消滅も当然ありうるであろうことを示唆、オランダはそれゆえ現在の銛手がその活動を終えたならば、捕鯨は終焉するであろうと理解した（IWC 1989: 22）。当時活動中であった老銛手についてのセント・ヴィンセントおよびグレナディーン諸島国の曖昧な発言が、反捕鯨国側に老銛手の引退（あるいは死去）と共に同国の捕鯨が自然消滅するかもしれないという過度の期待感を与えてしまい、将来に禍根を残すことになったのである。

3.4. 第42回年次会議（1990年）における附表の修正 —老銛手1人の捕鯨—

第42回年次会議（1990年）の先住民生存捕鯨小委員会において、セント・ヴィンセントおよびグレナディーン諸島国は、同国ベクウェイ島の先住民生存捕鯨を規定している附表第13項(b)(4)による捕殺枠の再認定を要求した。同国によれば、ベクウェイ島の唯一の銛手は現在67歳、若者は捕鯨の伝統を継承することに関心はなく、過去2年間捕殺はないが、その捕殺枠は地域全体にとって文化的に必要なものであり、ベクウェイ島民は捕鯨の伝統を高く評価している（IWC 1991: 31）。科学委員会の報告書は、ベクウェイ島におけるザトウクジラ3頭の捕殺はその資源に影響を与えないであろうし、また唯一の銛手は母鯨と飲乳仔鯨の捕殺に関する規制を認識していると記しており、これらの事実に基づいて、セント・ヴィンセントおよびグレナディーン諸島国は、3年間、年間3頭の捕殺枠の継続を要求した（IWC 1991: 31）。

一方、セイシェルとイギリスは、セント・ヴィンセントおよびグレナディーン諸島国の捕鯨の必要性は栄養的というよりは文化的なものであり、ゼロよりも大きい捕殺枠を必要としているようであると述べ、またオーストラリア、ニュージーランド、セイシェルは、ある種の捕鯨活動の文化的な必要性は認識しているが、特に近年の捕殺水準が非常に低いという情報に鑑みて、同国の必要性が以前と同じ水準で継続すべきかどうかについては判断を留保した（IWC 1991: 31）。

技術委員会においてもセント・ヴィンセントおよびグレナディーン諸島国は、基本的には先住民生存捕鯨小委員会と同じような論調でベクウェイ島における1人の鯨捕りに関わる状況を語り、年間3頭の捕殺枠のさらなる3年間の継続を提案、アイスランド、日本、ノルウェーが本案を支持し、技術委員会は附表第13項(b)(4)における年号の修正に合意、本件は国際捕鯨委員会総会において総意により採択された（IWC 1991: 32）。

セント・ヴィンセントおよびグレナディーン諸島国は、ベクウェイ島のザトウクジラ捕鯨が国際捕鯨委員会において先住民生存捕鯨として承認されて以降、1人の老銛手による捕鯨であることを強調している。その「1人の老銛手」の過度の強調は、捕鯨技術の次世代への継承時に、先住民生存捕鯨としての地位の再確認に障害となるかもしれないのである。なぜならば、反捕鯨国は老銛手が神に召されると共に捕鯨も消え去ると勝手に理解しているからである。

反捕鯨国は何でも自らに都合のよいように勝手な解釈をする。捕鯨の文化的必要性についてもそうである。栄養的必要性は数値化できるので、それに基づく捕殺枠の算出は可能である。一方、文化的必要性の数値化は難しい。その困難さが反捕鯨国に捕殺枠を算出させない口実となるのである。イギリス、オーストラリア、ニュージーランドなどの反捕鯨国にとって、捕鯨の文化的必要性は捕殺枠がゼロより大きければ、すなわち1頭あれば充足されるのである。

本年次会議におけるセント・ヴィンセントおよびグレナディーン諸島国ベクウェイ島の先住民生存捕鯨関連の附表修正は次のとおりである。

附表 第13項(b)

(4) 1990/91年漁期から1992/93年漁期において、セント・ヴィンセントおよびグレナディーン諸島国ベクウェイ島民による年間3頭（注）のザトウクジラの捕殺は、その鯨肉および鯨産物が同国における地域的消費のために用いられる時にのみ、これを許可する。

注）本数値は毎年再検討され、必要があれば科学委員会の助言に基づいて修正される。(IWC 1991: 50)

3.5. 第45回年次会議（1993年）における附表の修正—捕殺枠の削減—

第45回年次会議（1993年）は、セント・ヴィンセントおよびグレナディーン諸島国ベクウェイ島のザトウクジラ捕鯨を規定している附表第13項(b)(4)の更新期に当たっており、たまたま年次会議前にベクウェイ島において、反捕鯨国が附表違反と考えている母仔連れに見える鯨の捕殺が生じたため、当該附表の修正に議論が集中した。

違反小委員会は通常は前年の違反のみを考察するものであるが、セント・ヴィンセントおよびグレナディーン諸島国は協力の精神により、1993年2月の母仔連れに見える鯨の捕殺に関する情報提供に同意し、同国は管理監督経費を含めて遠隔地における小さな捕鯨を規制することに伴う困難性を陳述、諸規制はより大きな規模の操業には適しているが、老年者1人の捕鯨には不適当であるとした（IWC 1994: 15)。

これに対してオランダは、小さな先住民生存捕鯨において行われた違反も他のものと同じ程度の厳しさを持って取り扱われるべきであると強調し、またニュージーランドもセント・ヴィンセントおよびグレナディーン諸島国に対して、『国際捕鯨取締条約』に従い責任を果たすように促した（IWC 1994: 15)。

先住民生存捕鯨小委員会において、セント・ヴィンセントおよびグレナディーン諸島国は同国の捕鯨および先住民の必要性の特徴を述べ、1993年以降も現水準の捕殺枠の設定を要求したが、オーストラリアは先住民の必要性のために設定されたその事例に対して留保を表明した（IWC 1994: 17)。

国際捕鯨委員会総会において、セント・ヴィンセントおよびグレナディーン諸島国は、5000頭以上のザトウクジラが存在すると推定されている資源から1987年以来設定されてきた3年間の捕殺枠の継続を要求、この要求は1875年以降捕鯨に従事してきた人々にとって永続的な文化的必要性に基づくものであるとした（IWC 1994: 17）。しかしながら、同国は今年次会議における議論を考慮に入れ、次の3年間から捕殺枠を3頭から2頭に削減するのが好ましいと考え、年間2頭のザトウクジラの捕殺枠を要求、本案はノルウェー、日本、デンマーク、ドミニカ連邦、アメリカに支持された（IWC 1994: 17）。

オーストラリアは文化的必要性に関する最新の文書および先住民生存捕鯨小委員会による毎年の再検討を要求し、オランダも鯨捕りは高齢であるので単年度の捕殺枠設定を勧めたが、セント・ヴィンセントおよびグレナディーン諸島国はこれらに対して頑強に対応、結局、国際捕鯨委員会総会は総意により附表の修正に合意した（IWC 1994: 17）。

今回の一連の議論からもわかるように、オーストラリア、ニュージーランド、オランダなどに代表される反捕鯨国は、小規模先住民捕鯨に対しても容赦なく攻撃する。彼らにとっては捕殺される鯨が1頭でも少なくなれば、それでよいのである。その1頭に依存している小さな島の地域住民の生活、文化などは考慮しない。コククジラ169頭の捕殺枠（ロシア連邦チュコト地域の先住民の捕殺枠、1993年当時）あるいはホッキョククジラ41頭の捕殺枠（アメリカ合衆国アラスカ州の先住民の捕殺枠、1993年当時）から減る1頭と、ザトウクジラ3頭の捕殺枠から減る1頭では、1頭の持つ重みは違うが、反捕鯨国にとって鯨1頭は鯨1頭なのである。減らしやすいところから減らせばそれでよいのである。

本年次会議におけるセント・ヴィンセントおよびグレナディーン諸島国ベクウェイ島の先住民生存捕鯨関連の附表修正は次のとおりである。

附表 第13項(b)

(4) 1993/94年漁期から1995/96年漁期において、セント・ヴィンセントおよびグレナディーン諸島国ベクウェイ島民による年間2頭（注）のザトウクジラの捕殺は、その鯨肉および鯨産物が同国における地域的消費のために用いられる時にのみ、これを許可する。

注）本数値は毎年再検討され、必要があれば科学委員会の助言に基づいて修正される。(IWC 1994: 39)

3.6. 第48回年次会議（1996年）における附表の修正 ―若者の捕鯨への参画―

第48回年次会議（1996年）の先住民生存捕鯨小委員会において、セント・ヴィンセントおよびグレナディーン諸島国は、同国ベクウェイ島のザトウクジラ捕鯨に関して捕鯨の現状を説明すると共に、ベクウェイ島民の文化的必要性を引き続き反映している現在の捕殺枠の3年間の更新を要求した(IWC 1997: 27)。同国の説明は次のとおりである。過去3年間捕殺はないが、年老いた銛手は引き続き捕鯨に出かけており、その一方、本年意欲的な若者が銛手を務める2隻目のボートが捕鯨に参画、その若者が伝統を受け継ぐ銛手になりうるか否かについて語ることは困難である（IWC 1997: 27)。

従来、セント・ヴィンセントおよびグレナディーン諸島国は、ベクウェイ島の捕鯨に関して老銛手1人が捕鯨に従事しており、当該銛手が捕鯨に従事している間は、母仔連れに見える鯨を捕殺するその捕殺方法を含めて大目に見てほしいというような発言を繰り返してきた。しかしながら、若者が銛手として捕鯨に新規参入することにより状況が一転した。もはや『老人と海』のような話の展開で国際捕鯨委員会の議論を乗り切ることができなくなり、堂々とその必要性を主張せざるをえなくなったのである。それは同国の捕鯨国陣営への明確な帰属を意味している。そのことにより、反捕鯨国との軋轢はより大きくなっていく。

この要求に対して、オーストラリアは、提案された附表の修正に反対しているわけではないが、若い鯨捕りの捕鯨への参画により状況は幾分変化したとコメントし、同国はこの先住民生存捕鯨は年老いた鯨捕りと共に徐々に消滅すると信じていたと説明した（IWC 1997: 28)。オーストラリアの勝手な思い込みの責任はオーストラリアにあるが、そのような思わせぶりの発言をセント・ヴィンセントおよびグレナディーン諸島国が繰り返していたことも事実である。今後は、上述のように捕殺枠を確保するための戦術を再考しなければならなくなったのである。

結局、国際捕鯨委員会総会において、セント・ヴィンセントおよびグレナディーン諸島国による年間2頭の捕殺枠を更新、延長する附表修正案は、総意により合意された（IWC 1997: 28）。

本年次会議におけるセント・ヴィンセントおよびグレナディーン諸島国ベクウェイ島の先住民生存捕鯨関連の附表修正は、次のとおりである。

附表 第13項(b)

(4) 1996/97年漁期から1998/99年漁期において、セント・ヴィンセントおよびグレナディーン諸島国ベクウェイ島民による年間2頭（注）のザトウクジラの捕殺は、その鯨肉および鯨産物が同国における地域的消費のために用いられる時にのみ、これを許可する。

注）本数値は毎年再検討され、必要があれば科学委員会の助言に基づいて修正される。(IWC 1997: 47)

3.7. 第50回年次会議（1998年）における議論 —捕鯨の人道性をめぐって—

第50回年次会議（1998年）は、セント・ヴィンセントおよびグレナディーン諸島国ベクウェイ島のザトウクジラ捕鯨の更新期に当たっていなかったが、先住民生存捕鯨小委員会において当該捕鯨について議論がなされた。

オーストラリアは、過去においてセント・ヴィンセントおよびグレナディーン諸島国代表が老齢の唯一の銛手が逝去した時に同国ベクウェイ島の捕鯨は終わるであろうと述べたことに言及する一方、本年同国から提出された報告書によれば、銛手はもはや1人ではなく、新銛手が新ボートと共に捕鯨に参入したとあり、このことはベクウェイ島の捕鯨の本質を変えたと主張した（IWC 1999: 14）。また、オーストラリアはベクウェイ島においては母仔連れ鯨が捕殺されていると理解しているので、その捕殺方法にも懸念を表明、他の先住民生存捕鯨と異なり、ベクウェイ島の捕鯨はその人道性が調査されていない捕鯨であるとした（IWC 1999: 14）。

イギリスもオーストラリアの見解を支持した。イギリスによれば、1996年の年次会議においては必要声明書がなかったが、近年捕殺に成功していなかったゆえに、セント・ヴィンセントおよびグレナディーン諸島国の捕殺枠要求は合意されたのであり、次回同国が捕殺枠を要求する時には必要声明書を提出する義務があり、また人道的捕殺作業部会において捕殺の人道的な側面の検討に取り組まなければならないとした（IWC 1999: 14）。

このようなオーストラリア、イギリスの見解に対して、日本は人道的捕殺というテーマは国際捕鯨委員会の権限外であると確信していると反論し、地域的な文化的伝統は尊重されなければならないとした（IWC 1999: 14）。

既に何度も指摘したように（3.3.; 3.4.; 3.6. 参照）、過去においてセント・ヴィンセントおよびグレナディーン諸島国がベクウェイ島の捕鯨に関して老銛手1人の捕鯨であることを強調しすぎたことが、捕鯨文化の次世代への継承に際して困難を引き起こしているのである。

また、老銛手から若い世代に捕鯨技術が継承された現在、反捕鯨国側はその好ましくない現実を受け入れざるをえない。そうなれば、反捕鯨国側がベクウェイ島のザトウクジラ捕鯨を攻撃する力点は、母仔連れ鯨を捕殺するその捕鯨方法や捕鯨の非人道性に移っていく。セント・ヴィンセントおよびグレナディーン諸島国にとって、ベクウェイ島のザトウクジラ捕鯨を擁護継承するためには、解決しなければならない多くの問題が残されているのである。

3.8. 第51回年次会議（1999年）における附表の修正 —仔鯨捕殺禁止規定の明確化—

第51回年次会議（1999年）の違反小委員会において、セント・ヴィンセントおよびグレナディーン諸島国ベクウェイ島の鯨捕りたちが1998年、1999年に捕殺したザトウクジラをめぐって議論が紛糾した。

アメリカは、冬期の繁殖海域における体長8m以下のいかなるザトウクジラも高い確率で仔鯨であるとする科学委員会の合意に言及し、ベクウェイ島において1998年、1999年に捕殺された小さな鯨は仔鯨であった可能性が高く、もしそうであるならば附表第14項に違反していることなり、またそのことを敷衍すれば、同時に捕殺された大きな雌鯨は多分仔鯨を伴っていたことになり、このことも附表第14項に違反するとした（IWC 2000a: 14）。

ニュージーランド、オランダ、イギリスも、附表第14項は乳飲仔鯨および仔鯨を伴った雌鯨の捕殺を禁止していると述べ、本件は明らかに違反を構成しているとした（IWC 2000a: 14）。

一方、ノルウェーは次のような見解を述べた。附表第14項はヒゲクジラ類の商業捕鯨を対象として制定された規定の一部であり、セント・ヴィンセントおよびグレナディーン諸島国による先住民生存捕鯨には適用されない（IWC 2000a: 15）。先住民生存捕鯨については附表第13項により規定されており、ホッキョククジラとコククジラについては附表第13項において仔鯨および仔鯨を伴った雌鯨の捕殺は明確に禁止されている一方、セント・ヴィンセントおよびグレナディーン諸島国によるザトウクジラの捕殺に関する項目には、そのような禁止規定はない（IWC 2000a: 15）。従って、違反を構成していないとする解釈である。

これに対して、ニュージーランド、オランダはノルウェーの解釈には同意せず、附表第14項は先住民生存捕鯨を含む全ての捕鯨に適用されると信じているとした（IWC 2000a: 15）。

小さな鯨を捕殺したため、反捕鯨国側から集中砲火を浴びる形となったセント・ヴィンセントおよびグレナディーン諸島国は、オランダ、ニュージーランド、アメリカに対して、小さな鯨の胃の中には乳がなかったので、それは乳飲仔鯨ではなかったと反論した（IWC 2000a: 15）。

日本は、仔鯨の捕殺禁止は商業捕鯨期に経済的効率を考慮して始まったものであり、そのような禁止は先住民生存捕鯨にはふさわしくなく、また提案されている2頭の捕殺は今日では生息数が1万頭以上と推計されている個体群からであると述べ、セント・ヴィンセントおよびグレナディーン諸島国の捕鯨を擁護した（IWC 2000a: 15）。

本件について満場一致の見解はなかったので、違反小委員会議長は違反の有無については両論併記の報告書を国際捕鯨委員会総会に提出した（IWC 2000a: 15）。

科学委員会は、ベクウェイ島の鯨捕りたちが捕殺対象としている北大西洋ザトウクジラについて、年間3頭までの捕殺は本資源を危険にさらすことはないであろうとする1997年の助言を繰り返した（IWC 2000a: 17）。すなわち、年間3頭までの捕殺は資源上、何ら問題はないのである。

先住民生存捕鯨小委員会において、セント・ヴィンセントおよびグレナディーン諸島国は、年間2頭のザトウクジラの捕殺枠継続の必要性を強調し、捕殺枠は3年間であるべきとする先年の要求を繰り返した（IWC 2000a: 17）。

セント・ヴィンセントおよびグレナディーン諸島国の要求の後、老銛手が引退した後の捕鯨継続の可能性、用いられている捕殺方法、母仔連れ鯨が捕殺される可能性、文書化された必要声明書の重要性、捕鯨の社会的・生存的・文化的側面、1万600頭と推計されている資源への少数捕殺の影響など広範囲の議論が続いた（IWC 2000a: 17）。

先住民生存捕鯨小委員会議長は、多くの代表団はセント・ヴィンセントおよびグレナディーン諸島国の要求を支持したけれども、必要性への疑問を含めて総意による合意はなかったと報告書に記録した（IWC 2000a: 17）。

国際捕鯨委員会総会において、セント・ヴィンセントおよびグレナディーン諸島国は、翌年から3年間、年間2頭のザトウクジラの捕殺枠の要求を繰り返した（IWC 2000a: 17）。同国は、栄養的必要性は1994年、1996年に承認され、捕鯨は継続されてきたとし、また附表第14項は商業捕鯨にのみ適用され、同国の捕鯨には適用されないと確信、さらに3頭の捕殺であっても危険をもたらす恐れがない1万600頭の資源から2頭捕殺することにどんな問題があるのかと、反捕鯨国を訝しがった（IWC 2000a: 17）。

このような状況の中、アイルランドが既存の附表第13項(b)(4)に次の文章「仔鯨もしくは仔鯨を伴っているザトウクジラを銛打ち、捕獲、殺すことを禁止する」を追加する修正案を提出した（IWC 2000a: 17-18）。このアイルランド修正案についての議論の後、議長はセント・ヴィンセントおよびグレナディーン諸島国の附表修正提案について、アイルランドの修正文章を追加することにより総意による合意に達したと報告した（IWC 2000a: 18）。

日本は本件合意を歓迎し、人々は一般的にヒヨコ、仔羊、仔牛を食べるのに、この重要でない問題［仔鯨の捕殺をめぐる問題］に時間を取りすぎたとコメントした（IWC 2000a: 18）。

なお、本件総意による合意に関して、国際捕鯨委員会は以下の附帯事項を注記した。

(1) ザトウクジラの仔鯨とは体長8m以下の鯨である。但し、本件については科学委員会において再検討する。
(2) 以下の事項についてセント・ヴィンセントおよびグレナディーン諸島国は責任を持って履行する。
(i) 捕殺方法について再検討し、改善する。
(ii) 捕鯨を適切に規制する。
(iii) 本件捕鯨に関する調査に協力する。
(iv) 次回更新時には詳細な必要声明書を提出する。(IWC 2000a: 18)

総意による合意が成立したとはいえ、本件ザトウクジラ捕鯨には厳しい条件が別途課された。特に、仔鯨捕殺禁止規定の明確化（体長8m以下の鯨の捕殺禁止）は、伝統的に小さな鯨を捕殺してきた同国の鯨捕りたちにとっては厄介な規定となった。

本年次会議において最終的になされたセント・ヴィンセントおよびグレナディーン諸島国ベクウェイ島の先住民生存捕鯨関連の附表修正は、次のとおりである。

附表 第13項(b)
(4) 2000年漁期から2002年漁期において、セント・ヴィンセントおよびグレナディーン諸島国ベクウェイ島民による年間2頭（注）のザトウクジラの捕殺は、その鯨肉および鯨産物が同国における地域的消費のために用いられる時にのみ、これを許可する。仔鯨もしくは仔鯨を伴っているザトウクジラを銛打ち、捕獲、殺すことを禁止する。
注）本数値は毎年再検討され、必要があれば科学委員会の助言に基づいて修正される。(IWC 2000b: 86)

この附表第13項(b)(4)に下線部「仔鯨もしくは仔鯨を伴っているザトウクジラを銛打ち、捕獲、殺すことを禁止する」を追加したこと自体が、附表第14項の規定「乳飲仔鯨もしくは仔鯨を伴っている雌鯨を捕獲、または殺すことを禁止する」はヒゲクジラ類の商業捕鯨を対象として制定された規定の一部であり、先住民生存捕鯨には適用されないとする上述したノルウェーの附表解釈の正しさを例証するものとなった。なぜならば、附表第14項により附表第13項(b)(4)を規制できるならば、あえて下線部を追加する必要はないからである。

3.9. 第52回年次会議（2000年）における議論
―仔鯨でない小さな鯨の捕殺問題―

第52回年次会議（2000年）の違反小委員会において、イギリスは、前年のセント・ヴィンセントおよびグレナディーン諸島国による1頭のザトウクジラの捕殺は違反として報告されているのかと質問、セント・ヴィンセントおよびグレナディーン諸島国は、捕殺された雄鯨の体長は8m以下であったが、胃の中には乳がなかった［非乳飲は仔鯨ではないことを意味する］ので、その捕殺は違反を構成するものとは考えておらず、違反として報告していないと回答した（IWC 2001a: 18）。

このセント・ヴィンセントおよびグレナディーン諸島の回答に対して、オランダは、冬期繁殖海域にいる体長8m以下のどのようなザトウクジラも仔鯨である可能性が非常に高いとする前年の科学委員会の合意事項に言及、当該捕殺は違反として記録されるべきであるとした（IWC 2001a: 18）。

本件について、オーストラリア、アメリカ、モナコ、オーストリアは、前年の捕殺は違反を構成していると記録するように求め、一方、ノルウェーと日本はその捕殺は違反ではないとした（IWC 2001a: 19）。

科学委員会において、前年の附表修正にかかる附帯事項「ザトウクジラの仔鯨とは体長8m以下の鯨である。但し、本件については科学委員会において再検討する」に基づき、本件の再検討を行った（IWC 2001b: 22）。

セント・ヴィンセントおよびグレナディーン諸島国関係者は、ベクウェイ島のザトウクジラ捕鯨について、その捕鯨ボートは小さく、また荒れた海において捕鯨に従事しているので、雌鯨が仔鯨を伴っているか否かを判断するのは困難であり、また小さな鯨の体長を見極めるのはなおさら困難であると発言、体長規定の実施には多くの困難を伴うことを強調した（IWC 2001b: 22)。

上記のセント・ヴィンセントおよびグレナディーン諸島国の見解表明にもかかわらず、科学委員会は結論として、冬期繁殖海域にいる体長8m以下のどのようなザトウクジラも仔鯨である可能性が非常に高いとする見解を繰り返した（IWC 2001b: 23)。

また科学委員会は、仔鯨、小さな鯨、泌乳雌鯨を捕殺するベクウェイ島のザトウクジラ捕鯨に関して、仔鯨を捕殺することの資源への影響を考察、捕鯨海域に雌鯨と仔鯨が出現し、雄鯨は未出現の場合、母仔連れ鯨の捕殺のほうが成熟雌鯨2頭の捕殺よりも個体群に与える影響は小さいであろうとした（IWC 2001b: 23)。

このような違反小委員会、科学委員会の議論を受け、日本は総会において、母仔連れ鯨の捕殺を禁止した前年の決定は多分誤った決定であり、母仔連れ鯨の捕殺は2頭の雌鯨の捕殺よりも資源に与える影響は少ないであろうとする科学委員会の報告書に着目したうえで、先住民生存捕鯨については母仔連れ鯨の捕殺は違反とすべきではないと信じているとの見解を表明、この立場はノルウェーにより支持された（IWC 2001a: 20)。

時には母仔連れに見える鯨あるいは小さな鯨を捕殺するセント・ヴィンセントおよびグレナディーン諸島国ベクウェイ島のザトウクジラ捕鯨に対する反捕鯨国の批判は、毎年次会議において辛辣である。そのような状況において、セント・ヴィンセントおよびグレナディーン諸島国に有利な見解があれば、時期を逸することなく同国を擁護する日本の姿勢は、セント・ヴィンセントおよびグレナディーン諸島国から信頼を得ており、またそのことは、日本の捕鯨政策への同国からの理解を得るうえで大いに役立っているのである。

3.10. 第54回年次会議（2002年）における附表の修正―政治的勝利―

第54回年次会議（2002）において、科学委員会は、西インド諸島海域繁殖群ザトウクジラの生息数は1992年時点で約1万750頭であり、1979年から1992年までの間、年間約3％増加していたということに合意し（IWC 2003a: 11)、また年間4頭までの当該ザトウクジラの捕殺は本資源を危険にさらすことはないであろうということにも合意した（IWC 2003a: 18）。

セント・ヴィンセントおよびグレナディーン諸島国は先住民生存捕鯨小委員会に対して、ベクウェイ島におけるザトウクジラ捕鯨発展の歴史的背景、社会文化的側面および栄養的必要性の確証の要約を提示している必要声明書を提出した（IWC 2003a: 18）。同声明書は1982年、2頭のザトウクジラはベクウェイ島における動物性タンパク質必要量の大体12％を供給していたが、これは島の人口増加により2002年には6％に減少、それゆえ現在の必要性を満たすためには計4頭のザトウクジラが必要であるということ、また本資源ザトウクジラから4頭を捕殺することは、本資源の全体的な持続性の見地からどのような問題も表さないであろうということを示していた（IWC 2003a: 18）。

一方、オーストラリア、ニュージーランド、イギリスは、本資源の科学的な状況には不確実性が存在するので、予防的な手法が取られるべきであると考え（IWC 2003a: 18）、またイギリスは、1990年に捕殺枠の継続を決定するに際しての重要な要因は、当時69歳であった銛手の引退後、捕鯨は継続しないであろうとするセント・ヴィンセントおよびグレナディーン諸島国により与えられた保証であったことを示唆した（IWC 2003a: 18）。加えて、ニュージーランドとモナコは、ベクウェイ島の捕鯨はスコットランド人とフランス人の子孫により企てられたものであり、植民地時代からの捕鯨の継続であると主張した（IWC 2003a: 18）。

これに対してドミニカ連邦は、セント・ヴィンセントおよびグレナディーン諸島国の捕鯨は先住民捕鯨というよりは植民地時代の遺物であるとするその示唆に異議を申し立て、カリブ海地域の先住民、すなわちカリブ人は奴隷制と植民地主義の到来のはるか以前から捕鯨に従事していたと反論した（IWC 2003a: 18）。

先住民生存捕鯨小委員会における議論の後、セント・ヴィンセントおよびグレナディーン諸島国は国際捕鯨委員会総会に対して、ベクウェイ島民によるザトウクジラの先住民生存捕鯨について、5年間の漁期における総捕殺数を20頭、年間捕殺枠を4頭、年間銛打ち数を5頭とする附表修正案を提出した（IWC 2003a: 23）。

この修正提案に対して、モナコは、科学委員会は最初に提案された期間である3年間のセント・ヴィンセントおよびグレナディーン諸島国の要求を考慮したのであり、国際捕鯨委員会総会は技術的に5年間の要求を承認できる立場にないということを示唆した（IWC 2003a: 23）。

一方、日本は、本資源は豊富であり、3年間から5年間への期間の延長はいかなる問題も引き起こさないであろうと考えた（IWC 2003a: 23）。

このような捕殺枠設定期間をめぐる議論を受けて、セント・ヴィンセントおよびグレナディーン諸島国は科学委員会に対して、5年間の捕殺枠の要求は問題であるか否か、また同委員会はその管理上の助言において3年間と特に言及したか否かに関して明確な答えを要求、科学委員会議長は科学委員会の助言は年間4頭までの捕殺はその資源を危険にさらさないであろうということであり、いかなる期間についても言及はしていないと返答した（IWC 2003a: 23）。

結局、セント・ヴィンセントおよびグレナディーン諸島国が提出した附表修正案は、一部修正のうえ総意により採択された（IWC 2003a: 24）。

本年次会議において最終的になされたセント・ヴィンセントおよびグレナディーン諸島国ベクウェイ島の先住民生存捕鯨関連の附表修正は、次のとおりである。

附表 第13項(b)

(4) 2003年漁期から2007年漁期において、セント・ヴィンセントおよびグレナディーン諸島国ベクウェイ島民により捕殺されるザトウクジラの数は20頭を超えてはならない。その鯨肉および鯨産物はセント・ヴィンセントおよびグレナディーン諸島国においてもっぱら地域的消費のために用いられなければならない。その捕鯨はセント・ヴィンセントおよびグレナディーン諸島国が提出した文書（IWC/54/AS 8 rev2）と一致する正式の立法措置の下で実施されなければならない。2006年、2007年漁期の捕殺枠は、国際捕鯨委員会が科学委員会から各漁期における4頭のザトウクジラの捕殺がその資源を危険にさらさないであろうとする助言を受け取った後に履行可能となる。(IWC 2003c: 140)

今回の附表修正の結果、第51回年次会議（1999年）の附表修正時に激論の末、附表に挿入された規定「仔鯨もしくは仔鯨を伴っているザトウクジラを銛打ち、捕獲、殺すことを禁止する」が削除された。もちろん、これは反捕鯨国が仔鯨、母仔連れ鯨の捕殺を容認する方向に転じたからではない。修正附表中に挿入された「セント・ヴィンセントおよびグレナディーン諸島国が提出した文書（IWC/54/AS 8 rev2）」の中に、「鯨捕りはザトウクジラの仔鯨もしくは仔鯨を伴った泌乳中の雌鯨を銛打ちしてはならない」（SVG 2002a）とする規定があるからである。このため文面上からは仔鯨等の捕殺禁止規定が消え、わかりにくい附表修正となった。

母仔連れに見える鯨を捕殺するという伝統のため、捕殺枠の更新時には毎回、議論が紛糾してきたベクウェイ島のザトウクジラ捕鯨であったが、本年次会議の結果、漁期は3年間から5年間に延長され、捕殺枠も年間2頭から実質4頭（5年間で計20頭）に倍増となった。従来の議論の流れからすれば、ありえなかった結末である。

このようなセント・ヴィンセントおよびグレナディーン諸島国にとって好ましい附表修正に至った理由は、本年次会議においてアメリカ合衆国アラスカ州の先住民によるホッキョククジラ捕鯨の捕殺枠の更新と、ベクウェイ島におけるザトウクジラ捕鯨の捕殺枠の更新が重なり、それらの捕殺枠の更新をめぐって日米両国が真正面からぶつかり合ったからである。

捕鯨国である日本は、セント・ヴィンセントおよびグレナディーン諸島国を支援する一方、日本におけるミンククジラを主対象とする小型沿岸捕鯨の再開に反対するアメリカのホッキョククジラ捕鯨にかかる捕殺枠の更新に反対したのであった（4.3.3.参照）。このため、アメリカはアラスカ州先住民の捕殺枠を更新させるために、セント・ヴィンセントおよびグレナディーン諸島国の要求を支持せざるをえなかったのである。

3.11. 第56回年次会議（2004年）における附表の修正 —仔鯨を伴った雄鯨捕殺の承認—

第56回年次会議（2004年）の総会において、附表第13項の全体的な見直しの中、セント・ヴィンセントおよびグレナディーン諸島国ベクウェイ島のザトウクジラ捕鯨を規制している附表第13項(b)(4)についても修正がなされた。

なされた附表修正は次のとおりである。

附表 第13項(a)

(4) 本附表の規定(b)(1)、(b)(2)、(b)(3)の下で実施される先住民捕鯨については、仔鯨もしくは仔鯨を伴ったどのような鯨も銛打ち、捕獲あるいは殺すことを禁止する。本附表の規定(b)(4)の下で実施される先住民捕鯨については、仔鯨もしくは仔鯨を伴った雌鯨を銛打ち、捕獲あるいは殺すことを禁止する。

(5) 全ての先住民捕鯨は本附表と一致している国内法規の下で実施されなければならない。(IWC 2005b: 151)

附表 第13項(b)

(4) 2003年漁期から2007年漁期において、セント・ヴィンセントおよびグレナディーン諸島国ベクウェイ島民により捕殺されるザトウクジラの数は20頭を超えてはならない。その鯨肉および鯨産物はセント・ヴィンセントおよびグレナディーン諸島国においてもっぱら地域的消費のために用いられなければならない。~~その捕鯨はセント・ヴィンセントおよびグレナディーン諸島国が提出した文書(IWC/54/AS 8 rev2)と一致する正式の立法措置の下で実施されなければならない。~~2006年、2007年漁期の捕殺枠は、国際捕鯨委員会が科学委員会から各漁期における4頭のザトウクジラの捕殺がその資源を危険にさらさないであろうとする助言を受け取った後に履行可能となる。(IWC 2005b: 152)

この附表修正の結果、アメリカ合衆国アラスカ州(附表第13項(b)(1))、ロシア連邦チュコト地域((b)(2))、グリーンランド((b)(3))の先住民と異なり、ベクウェイ島の鯨捕りたち((b)(4))は「仔鯨を伴った雄鯨」は捕殺してもよいことが確認された。実際のところ、雄鯨の捕殺は雌鯨の捕殺より少ないが(表4-2参照)、弱小国の先住民生存捕鯨に加えられた少しの配慮であろう。ないよりはましである。

3.12．第59回年次会議（2007年）における附表の修正 ―捕殺枠の安定化―

第59回年次会議（2007年）は、セント・ヴィンセントおよびグレナディーン諸島国ベクウェイ島民によるザトウクジラの先住民生存捕鯨捕殺枠の更新時期に当たっていたので、同国は年度の変更と現状にあわせて一部の字句を削除したうえで、既存の先住民生存捕鯨捕殺枠を更新する共同附表修正提案を提出、本附表修正案は総意により採択された（IWC 2008a: 23）。

附表 第13項(b)

(4) 2008年漁期から2012年漁期において、セント・ヴィンセントおよびグレナディーン諸島国ベクウェイ島民により捕殺されるザトウクジラの数は20頭を超えてはならない。その鯨肉および鯨産物はセント・ヴィンセントおよびグレナディーン諸島国においてもっぱら地域的消費のために用いられなければならない。~~2006年、2007年漁期の捕殺枠は、国際捕鯨委員会が科学委員会から各漁期における4頭のザトウクジラの捕殺がその資源を危険にさらさないであろうとする助言を受け取った後に履行可能となる。~~(IWC 2008b: 155-156)

今回の年次会議においては、ベクウェイ島のザトウクジラ捕鯨に関して議論は紛糾することもなく、5年間、20頭の捕殺枠がそのまま更新された。その理由は、前回の更新期（第54回年次会議、2002年）からアメリカ合衆国アラスカ州の先住民によるホッキョククジラ捕鯨もベクウェイ島のザトウクジラ捕鯨も、捕殺枠設定期間が5年間となったからである。反捕鯨国の一員であるアメリカがベクウェイ島のザトウクジラ捕鯨に厳しい態度を取れば、それがそのままの形でアラスカ州の先住民によるホッキョククジラ捕鯨に跳ね返ってくる。それを避けたいアメリカは、セント・ヴィンセントおよびグレナディーン諸島国と妥協するしかない。セント・ヴィンセントおよびグレナディーン諸島国が、日本、ノルウェーなどの捕鯨国の支援を受けながら、アメリカとも協調する限り、ベクウェイ島のザトウクジラ捕鯨は安泰なのである。

3.13. 第64回年次会議（2012年）における附表の修正
―ホエール・ウォッチングからの反撃―

前回の附表修正時（第59回年次会議、2007年）から、セント・ヴィンセントおよびグレナディーン諸島国は先住民生存捕鯨に関してアメリカと共同歩調を取るようになり、ベクウェイ島のザトウクジラ捕鯨にかかる捕殺枠も安定するかと思われたが、そうではなかった。

第64回年次会議において、先住民生存捕鯨の更新期を迎えていたロシア、セント・ヴィンセントおよびグレナディーン諸島国、アメリカの3か国は、年次会議が次期会合から隔年開催になるのにあわせて捕殺期間を5年から6年とし、捕殺枠については5年間分の既存捕殺枠に1年間分を追加する共同附表修正提案を行った（IWC 2012b; 2013a: 19）。

この共同提案に含まれている3か国の先住民生存捕鯨のうち、セント・ヴィンセントおよびグレナディーン諸島国のザトウクジラ捕鯨の更新について、ホエール・ウォッチングを重視するラテンアメリカ諸国などが反対したのであった。

エクアドルは同国におけるホエール・ウォッチング活動の繁栄を強調し、セント・ヴィンセントおよびグレナディーン諸島国の捕鯨は先住民生存捕鯨ではなく、また年間せいぜい1、2頭の捕殺は人間の生存にとって優先すべきものではないので、セント・ヴィンセントおよびグレナディーン諸島国の提案を支持できないとした（IWC 2013a: 20）。

またメキシコも、セント・ヴィンセントおよびグレナディーン諸島国の捕鯨は先住民によって実施されておらず、実際のところ先住民生存捕鯨というよりは商業捕鯨に近いので、共同提案の中に同国の提案を含めることを好まない旨を表明、あわせてセント・ヴィンセントおよびグレナディーン諸島国に対してホエール・ウォッチング産業の設立を支援するための援助を申し出た（IWC 2013a: 20）。

これら両国の代表は、金銭的価値に換算できない陸揚げされたザトウクジラ1、2頭の持つ文化的意義を理解できないようである。ホエール・ウォッチングとは異なり、ベクウェイ島の捕鯨は儲からなくても実施することに意義があるのである。というよりは、もともと儲けを目的とするものではないのである。捕鯨を止めて、収益目的のホエール・ウォッチングに転換し、もし収益があがらずにホエール・ウォッチングが廃業に追い込まれたならば、どうなるのであろうか。どちらにせよ鯨類保護にはなるので、反捕鯨の主唱者には好都合であるが…。

さらに、年次会議の場で発言の機会を与えられたNGO「環境認識のための東カリブ海地域連合」(Eastern Caribbean Coalition for Environmental Awareness) は次のように語っている。すなわち、ベクウェイ島のザトウクジラ捕鯨は、アメリカ帆船式捕鯨から技術を学んで創業された捕鯨であり、現在ではヨーロッパ系とアフリカ系の血を引く人々によって実施されている。それゆえ、先住民生存捕鯨ではなく、その捕殺枠は取り消されるべきである (IWC 2013a: 20–21)。本件NGO発言の影響については、第4章において別途取り上げる (4.5.参照)。

本年次会議における先住民生存捕鯨としてのベクウェイ島のザトウクジラ捕鯨の捕殺枠の更新については、上述のように反対意見も出たが、ロシア、アメリカとの共同附表修正提案であったため、採決の結果、賛成48か国、反対10か国[1)]、棄権2か国、投票不参加1か国により、採択された (IWC 2013a: 21)。アメリカ、ロシアと足並みを揃えるセント・ヴィンセントおよびグレナディーン諸島国の戦術が功を奏したのであった。しかしながら、次回更新期 (第67回隔年次会議、2018年) に不安を残す議論であった。

採択されたベクウェイ島の先住民生存捕鯨にかかる修正附表は、第2章第2節の冒頭に掲げた附表第13項(b)(4)である (2.2.参照)。

3.14. 小括

以下、『国際捕鯨取締条約』附表の修正との関連において考察したセント・ヴィンセントおよびグレナディーン諸島国ベクウェイ島における先住民生存捕鯨にかかる問題点をまとめておく。

ベクウェイ島におけるザトウクジラ捕鯨についての国際捕鯨委員会の議論は、時には母仔連れに見える鯨をも捕殺してきたベクウェイ島の鯨捕りたちの捕鯨方法をめぐる捕鯨国および捕鯨理解国と反捕鯨国との対立の歴史であったと言っても過言ではない。

セント・ヴィンセントおよびグレナディーン諸島国は1981年に『国際捕鯨取締条約』を締約し（第33回年次会議、1981年）、1987年には同国ベクウェイ島のザトウクジラ捕鯨が先住民生存捕鯨として承認され、3年間、年間3頭の捕殺枠が与えられている（第39回年次会議、1987年）。一方、先住民生存捕鯨としての承認当初から母仔連れに見える鯨を捕殺するその捕鯨方法が反捕鯨国から注視されていた（第39回年次会議、1987年）。

その後も特に3年毎の捕殺枠の更新時に母仔連れに見える鯨の捕殺が反捕鯨国から問題視されてきた。そのような経緯から、第45回年次会議においては捕殺枠が3頭から2頭に減じられ（第45回年次会議、1993年）、第51回年次会議においては附表中に仔鯨捕殺禁止規定を明文化することにより、3年間、年間2頭の捕殺枠が更新されたのである（第51回年次会議、1999年）。

手漕ぎ、帆推進の捕鯨ボートに乗り、手投げ銛、ヤスを用いてザトウクジラを仕留めるという旧来の捕鯨方法に依存する限り、母仔連れに見える鯨が最も捕殺しやすいのである（従って、銛打ち亡失も少なく、資源保護にも繋がる）。反捕鯨国は先住民生存捕鯨における最新技術の導入にはその非伝統性ゆえに反対するが、旧式の捕鯨道具を用いるという伝統に固執するのであるならば、母仔連れに見える鯨を捕殺するという伝統も認めてしかるべきなのである。

このような母仔連れに見える鯨を捕殺するという伝統のため、捕殺枠の更新時には毎回、議論が紛糾してきたベクウェイ島のザトウクジラ捕鯨であったが、第54回年次会議（2002年）以降、事情は変わってくる。同年次会議において、アメリカ合衆国アラスカ州の先住民によるホッキョククジラ捕鯨とベクウェイ島のザトウクジラ捕鯨の捕殺枠の更新期が重なり、それらの捕殺枠の更新をめぐって日米両国が真正面からぶつかりあったからである。

捕鯨国である日本は、もちろんセント・ヴィンセントおよびグレナディーン諸島国を支援する一方、日本におけるミンククジラを主対象とする小型沿岸捕鯨の再開に反対するアメリカのホッキョククジラの捕殺枠の更新に反対したのであった。このため、アメリカはアラスカ州先住民の捕殺枠を更新させるために、セント・ヴィンセントおよびグレナディーン諸島国を支持せざるをえなかったのである。その結果、ベクウェイ島のザトウクジラ捕鯨には5年間、20頭（年間平均4頭）の捕殺枠が与えられた（第54回年次会議、2002年）。捕殺枠は年間2頭から実質4頭に倍増し、捕殺枠設定期間も3年から5年に延長された。従来の議論の流れからすれば、ありえなかった結果である。

この後、ベクウェイ島のザトウクジラ捕鯨は2007年に更新期を迎えたが、議論は紛糾することなく、5年間、20頭の捕殺枠がそのまま更新された（第59回年次会議、2007年）。その理由は、前回の更新期（2002年）から、アメリカ合衆国アラスカ州の先住民によるホッキョククジラ捕鯨もベクウェイ島のザトウクジラ捕鯨も、捕殺枠設定期間が5年間となったからである。反捕鯨国陣営の一員であるアメリカがベクウェイ島のザトウクジラ捕鯨に対して厳しい態度を取れば、それがそのままの形でアラスカ州の先住民によるホッキョククジラ捕鯨に跳ね返ってくる。それを避けたいアメリカは、セント・ヴィンセントおよびグレナディーン諸島国と妥協するしかないのである。巧みな戦術を用いれば、弱小国でも強大国に十分太刀打ちできるのである。

第59回年次会議以降、安定するかに思えた先住民生存捕鯨としてのベクウェイ島のザトウクジラ捕鯨であったが、更新期を迎えた第64回年次会議（2012年）において、捕鯨よりもホエール・ウォッチングが儲かるとするラテンアメリカ諸国が、その捕殺枠の更新に強硬に反対する姿勢を示した。結局、ロシア、アメリカとの3か国共同附表修正提案であったため、最終的には附表修正は承認され、従来どおりの捕鯨が継続できるようになったが、次回更新期を迎える第67回隔年次会議（2018年）に不安を残す結果となったのである。

注

1）本件附表修正提案に反対したのは、アルゼンチン、ブラジル、チリ、コロンビア、コスタリカ、ドミニカ共和国、エクアドル、ガボン、ペルー、ウルグアイの10か国である（IWC 2012a: 32）。

第4章　ベクウェイ島捕鯨民族誌

第2章においては、国際捕鯨委員会における先住民生存捕鯨にかかる議論は、科学ではなく政治に基づいていること、第3章においては、ベクウェイ島の先住民生存捕鯨を規定している『国際捕鯨取締条約』附表第13項(b)(4)の修正にかかる国際捕鯨委員会議事録の分析、考察から、ベクウェイ島における先住民生存捕鯨について、時には母仔連れに見える鯨をも捕殺してきたベクウェイ島の鯨捕りたちの捕鯨方法をめぐる捕鯨国および捕鯨理解国と反捕鯨国との対立が、国際捕鯨委員会における議論の中核を占めてきたことなどを明らかにした。

セント・ヴィンセントおよびグレナディーン諸島国が捕鯨をめぐる複雑な国際関係の中、巧みな戦術を用いた結果、一時は3年間に年間2頭のザトウクジラの捕殺枠しか容認されていなかったベクウェイ島の先住民生存捕鯨も、今日（2014年）では6年間に計24頭の捕殺枠が承認されている。

本章においては、筆者が現地で入手した資料に基づいて再度ベクウェイ島の先住民生存捕鯨を取り上げる。現地調査結果に基づき再分析、再考察することにより、議事録の分析、考察からではみえてこなかったベクウェイ島における先住民生存捕鯨の実態が明らかになるはずである。

ベクウェイ島は、北緯13度、西経61度15分に位置する面積18.1km^2、人口4946人（2012年）[1]の小島であり、独立国「セント・ヴィンセントおよびグレナディーン諸島国」(St. Vincent and the Grenadines)（図4－1）の一部を構成している。このベクウェイ島においては、1875年頃にアメリカの帆船式捕鯨から捕鯨技術を習得した島民によりザトウクジラ捕鯨が創始され（Adams 1994: 66)、手漕ぎ・帆推進の捕鯨ボートに乗り、手投げ銛を用いてザトウクジラを捕殺するという創業時とほぼ同じ姿の捕鯨が、今日(2014年）でも実施されている。

筆者は1991年2月以降2014年3月まで計13回、ベクウェイ島を中心にカリブ海地域一帯において現地調査を実施し[2]、ベクウェイ島ほかカリブ海

図4－1　ベクウェイ島周辺図

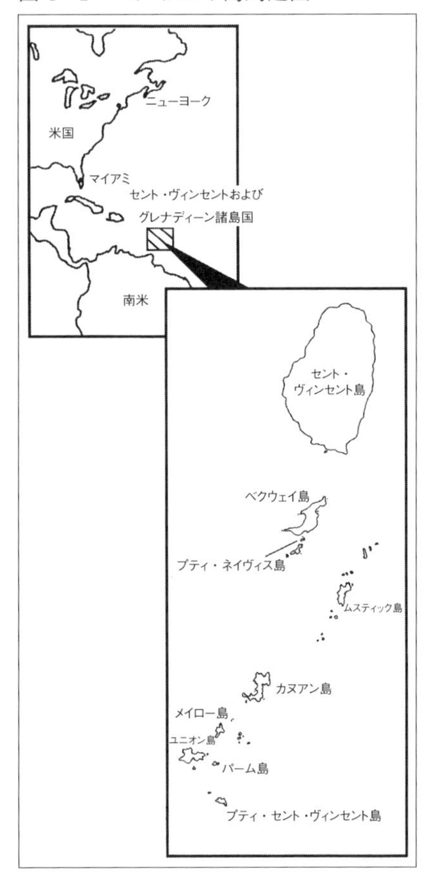

地域の捕鯨文化の理解に努めてきた。以下、次の手順によりベクウェイ島の捕鯨に関わる諸事象について報告、分析、考察を進めていく。

まず、第1節においてはベクウェイ島を取り巻く社会状況を略述したうえで、アメリカの帆船式捕鯨から捕鯨技術を導入することにより創始されたベクウェイ島の捕鯨の歴史を概括する。ここでは特に同島の捕鯨事業の中核を担ってきた捕鯨一族オリヴィエール家の活動に焦点をあてる。

次に、第2節では捕鯨活動の現状を詳述する。ここでは特に捕鯨ボートと捕鯨道具、鯨捕りの仕事と役割、鯨産物（鯨肉、脂皮）の分配法を考察し、地域社会における鯨産物の社会文化的意義の解明を試みる。加えて、21世紀に入ってからの新しい出来事として、捕鯨関係者間での携帯電話の使用、新鯨体処理施設の建設とそれを取り巻く諸状況も検討する。

さらに、第3節においては国際捕鯨委員会における先住民生存捕鯨としてのベクウェイ島のザトウクジラ捕鯨をめぐる議論を取り上げる。ここでは特に筆者が出席した第51回年次会議（1999年）と第54回年次会議（2002年）におけるベクウェイ島のザトウクジラ捕鯨にかかる諸議論を詳細に報告、分析する。そして、最後にセント・ヴィンセントおよびグレナディーン諸島国政府が制定した『セント・ヴィンセントおよびグレナディーン諸島国先住民生存捕鯨規則2003』（*St. Vincent and the Grenadines Aboriginal Subsistence Whaling Regulations 2003*）の問題点を指摘し、ベクウェイ島におけるザトウクジラ資源の利用と管理は同島の鯨捕りたちに委ねるのが望ましいとの結論を提示する。

続いて、第4節ではベクウェイ島における捕鯨文化と観光開発の関係を取り上げる。まず、ベクウェイ島の観光開発をめぐる諸状況を略述する。次に、捕鯨と観光について、鯨捕り、観光客、開発者（元首相）、これら三者それぞれの視点を考察する。最後に、生業としての捕鯨が根づいている地域においては、あえてエコツーリズムなどを標榜する必要性はないことを明確にする。

加えて、第5節では2012年からベクウェイ島において始まった捕鯨のホエール・ウォッチングへの転換運動を批判的に検討する。同運動により、現地では有力銛手の1人が捕鯨ボートを手放し、捕鯨業から引退するなど既に（悪）影響も出始めている。ここでは新しい社会情勢下にあるベクウェイ島の先住民生存捕鯨の現状を提示すると共に捕鯨の将来を展望する。

最後に、第6節において本章を総括する。

4.1. 捕鯨の歴史

4.1.1. ベクウェイ島を取り巻く社会状況と捕鯨の概要

コロンブスがカリブ海の入り口、サンサルヴァドル島に到達してから500年以上が経過した。そのカリブ海の名のもとになったカリブ人たちも、今日では僅かにドミニカ島とセント・ヴィンセント島の一部地域に居住しているにすぎなくなってしまった[3]。名は体を表していないのである。

このカリブ海地域の現在の文化は、西洋社会の植民地主義と共に到来した西洋人入植者、アフリカ人奴隷、および奴隷解放令以後はアジア人（インド人、中国人）年季契約労働者など、旧世界からの外来者が、その環境に外来物を適応させ、土着化させて作り上げたいわゆるクレオール文化である（石塚 1988: 20-23; 1991: 9）。

本章の考察対象地であるベクウェイ島も18世紀初頭以前は無人島であり、セント・ヴィンセント島のカリブ人たちが、カヌー建造用の木材の伐採、野菜や果物の採集および漁撈活動時のキャンプ地として時々利用していたにすぎなかった（Price, N. 1988: 7）。18世紀半ば以降のフランス人およびイギリス人の入植、アフリカ人奴隷の導入を基盤とした大規模農園によるサトウキビ栽培という植民地化と共に島の開発が進められていった（Price, N. 1988: 7-8）。1838年の奴隷解放令以降、大規模農園体制は衰退、農園主と小作農民が生産物を分け合う分益小作制に移行し、19世紀の終わり頃からその分益小作制に基づく農業も衰退し、漁業が農業に取って代わった（Price, N. 1988: 10, 12, 14）。

20世紀前半、木造帆船（スクーナーとスループ）の建造が盛んであったが、1950年代以降はヨーロッパおよびアメリカの商船に船員として雇用されるベクウェイ島民が増加し、1974年までにベクウェイ島の成人男性労働人口の約25%が、地元および外国の船に雇用されていたと推定されている（Price, N. 1988: 17-18）。1970年代半ば以降の商船労働市場の崩壊とホテルなどの観光関連施設の完成に伴う建設事業の衰退の結果、ベクウェイ島の多くの世帯は、国外移住者からの送金、近隣カリブ海諸国における観光産業での季節的労働に生計を依存せざるをえない状況となった（Price, N. 1988: 20）。

1992年に空港が完成して以降、ベクウェイ島においては海洋観光資源を活かした開発が再び進展してきている（ベクウェイ島の観光開発については4.4.において論じる）。その結果、新たな観光関連施設の建設に伴う建設労働やホテルでのサービス・スタッフとしての雇用の場が提供されてきているが、建設労働は一時的であり、ホテル従業員としての雇用の多くも観光シーズン（12月のクリスマスから4月のイースターまで）における季節的労働である。また、観光客相手のタクシー業や土産物店についても観光シーズン中は一定の収入が期待できるが、オフシーズンには安定した収入の確保は難しい。

観光産業に直接関係しない島民の多くは漁業（自給用および地元市場出荷用）により生計を立てており、自宅の周囲に空き地のある者はヤギなどを飼育している。また、時にはセント・ヴィンセント島の建設現場に季節的・一時的労働者として出稼ぎに行き、家計における現金収入の増大を図っている。多くの島民にとって、生活の安定のために収入源の多角化が不可欠となっている。

このようにベクウェイ島民の暮らしは外部から多大な影響を受けてきた。捕鯨についても同様である。外部からもたらされた捕鯨を、島民が地域の実情に合わせ、創意と工夫により地元化していったものである。以下、捕鯨の歴史を概括する。

18世紀前半、大西洋に面した北アメリカ大陸の沿岸部において捕鯨を始めたニューイングランド地方、ナンタケット島の鯨捕りたちは、近隣海域での鯨類資源の枯渇に伴い、その操業海域を北に南に拡大していった（Bockstoce 1984: 528–529）。その後、19世紀を通して、ニューイングランド地方を母港とする捕鯨船団は、マッコウクジラとザトウクジラを求めてカリブ海地域を定期的に航海し、ベクウェイ島をはじめとするグレナディーン諸島にしばしば立ち寄った（Adams 1971: 55, 59）。

グレナディーン諸島におけるアメリカ捕鯨船団の活動は1860～1870年代に最盛期を迎え[4]、この時期に多くのベクウェイ島民が捕鯨船に雇用され、捕鯨技術を習得、一部の島民は1875年頃に彼ら自身の手により捕鯨を開始した（Adams 1994: 66）。彼らの主たる捕殺対象は、浜辺から漕ぎ出す捕鯨ボートの活動範囲内にやってくるザトウクジラであった（Adams 1971: 65）。

1920年代、ベクウェイ島を含むグレナディーン諸島一帯では6捕鯨事業体が運営されており、その各々は鯨体処理施設と3隻から5隻の捕鯨ボートを保有し、約100人がザトウクジラの捕殺、解体に従事していた（Adams 1971: 62）。アダムスによれば、1890年から1925年までの間にグレナディーン諸島から鯨油がほぼ50万ガロン輸出されており（Adams 1975: 309）、当時は鯨油輸出（外貨獲得）目的の捕鯨がグレナディーン諸島一帯において幅広く行われていたことを窺い知ることができる。

しかしながら、1925年以降、グレナディーン諸島における捕鯨はベクウェイ島に限られるようになり、年間数頭のザトウクジラが捕殺されるにすぎなくなった（Adams 1971: 71）。1949年から1957年までの間は捕殺がなかった（Adams 1971: 71）。

1958年にザトウクジラ2頭が捕殺され、そのことが鯨捕りたちを刺激し、2隻の新しい捕鯨ボートが建造された（Adams 1971: 71）。そして1961年には十分に設備の整った鯨体処理施設がプティ・ネイヴィス島に建設された（Adams 1971: 71）。しかしながら、その後は再び捕殺数が減少し、1970年代、ベクウェイ島の捕鯨事業は崩壊寸前であった（Price, W. 1985: 415）。

1982年に4頭、1983年に3頭のザトウクジラが陸揚げされ、この2年間の成功が再度捕鯨事業を活性化し、1983年には1隻の新しい捕鯨ボートが建造された（Price, W. 1985: 415, 418–419）。1958年から1984年までの27年間に54頭のザトウクジラが銛打ちされ、そのうち44頭が陸揚げされている（Price, W. 1985: 419 Table 4）。

ベクウェイ島の捕鯨事業は1925年以降、年間数頭の捕殺の成功に依存してきた。そこには事業としての経済的な脆弱さが存在することは否めないが、それでも捕殺されたザトウクジラは食料としてベクウェイ島民の暮らしを支えてきた。さらに、ベクウェイ島において精製された鯨油は食用油として近隣のバルバドス島、グレナダ島、トリニダード島の住民生活にも貢献してきた（Caldwell and Caldwell 1975: 1105）。ベクウェイ島の鯨捕りたちは金銭的価値からだけではなく、賞賛や名誉ためにも捕鯨に従事してきたのであり、最強で信頼に値する人物のみが捕鯨ボートの乗組員として選ばれたのであった（Adams 1971: 71）。この捕鯨の歴史は今日（2014年）でも受け継がれている。

4.1.2. 捕鯨一族オリヴィエール家

1860年代、アメリカの捕鯨船に見習い水夫として乗り組んだベクウェイ島の資産家の息子ウィリアム・トーマス・ウォレス・ジュニア（William Thomas Wallace, Jr.）は後に中古の捕鯨ボート２隻を購入、1875年頃にベクウェイ島フレンドシップ湾沿いの所有地に鯨体処理施設を建設し、捕鯨事業に着手した（Adams 1994: 66; Ward 1995: 3-4）。

同じくベクウェイ島の資産家であったジョーゼフ・オリヴィエール（Joseph Ollivierre）も、1880年代にベクウェイ島南岸から少し離れたところに位置する無人島プティ・ネイヴィス島（Petit Nevis）に鯨体処理施設を建設、ウォレスに続いて捕鯨事業に参画した（Adams 1971: 61; Ward 1995: 5）。

この両者により創始されたベクウェイ島の捕鯨事業はその後両家一族に受け継がれ、調査時（1998年）においても、オリヴィエール一族の４世代目、５世代目の手により事業が続けられていた。以下、オリヴィエール一族を通してベクウェイ島の捕鯨の歴史をみていく（図４－２）。

オリヴィエール家における捕鯨事業は1880年代に創始者ジョーゼフ・オリヴィエールから長男ジョーゼフ二世（Joseph Ⅱ）に、さらにジョーゼフ二世から弟ルドルフ（Rudolph）（ジョーゼフ一世の二男）とジョーゼフ二世の四男ジェイムズ（James）に引き継がれた（Ward 1995: 6）。一方、ほぼ同時期にジョーゼフ一世の六男ナポレオン（Napoleon）とジョーゼフ二世の二男ホセ（Jose）がベクウェイ島とプティ・ネイヴィス島の間に位置する小島センプル・ケイ（Semple Cays）に鯨体処理施設を建設、ベクウェイ島で３番目の捕鯨事業を開始した（Ward 1995: 6）。やがてホセはグレナダ、カイユ島における捕鯨事業に参加するためにベクウェイ島を去り（Ward 1995: 6, 8）[5]、ナポレオンもセントルシア、ピジョン島において捕鯨事業を創始するためにベクウェイ島を去った（Gordon 2008: 42-43）。その後、センプル・ケイでの捕鯨事業はナポレオンの三男ヘンリー（Henry）と七男ジョーゼフ三世（Joseph Ⅲ）に受け継がれた（Ward 1995: 43）。

このヘンリー、ジョーゼフ三世こそベクウェイ島の鯨捕りの間で語り継がれている伝説的銛手である。後述する現代の銛手アスニール・オリヴィエール（Athneal Ollivierre）はヘンリーを「最上の銛手」、ジョーゼフ三世を

図4－2　オリヴィエール一族部分系図

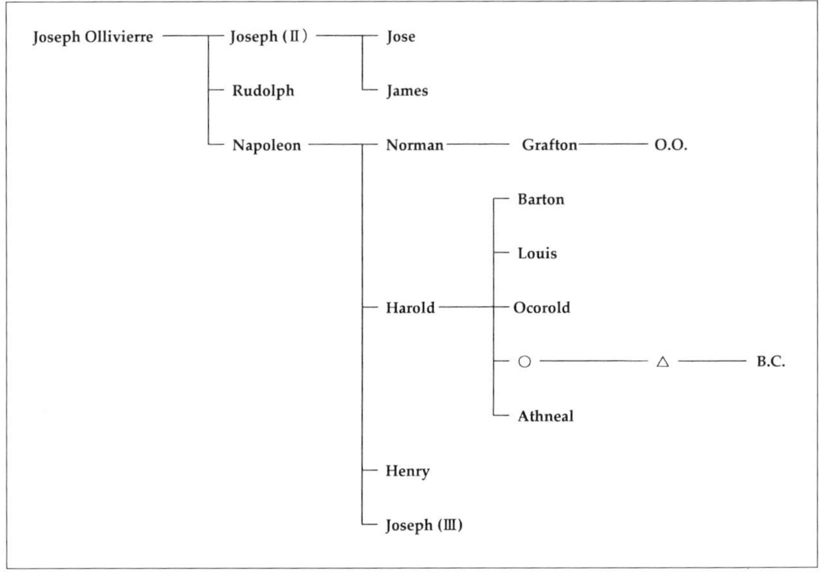

（出典：筆者の調査および Ward 1995, 裏見開き表紙の系図を一部改変）

「立派な銛手」と称えている。同じく後述する銛手 O.O. もヘンリーを「史上最高の銛手」と絶賛、彼が知りうる範囲内での銛手の力量を「１位ヘンリー、２位アスニール、３位ジョーゼフ三世」としている。

各種の雑誌記事や論文において実名で「最後の銛手」として紹介され、またベクウェイ島では顔写真入りの絵（写真）葉書も販売され（図４－３）、かつ彼にちなんで命名された「アスニール・ビーチ」（Athneal Beach）も存在するアスニール・オリヴィエールは、1921 年に父ハロルド（Harold）（ナポレオンの二男）の五男として誕生、1950 年代半ばから捕鯨ボートに乗り始めた。この時期、捕鯨事業はアスニールの叔父ヘンリー、ジョーゼフ三世が保有しており、父ハロルドは主として鯨肉の販売を担当していた。アスニールは銛手として活躍していた叔父ヘンリー、ジョーゼフ三世からではなく、捕鯨ボートの乗組員として捕鯨に携わっていた伯父ノーマン（Norman）（ナポレオンの長男）から捕鯨についての手ほどきを受けている。

1958 年に２隻の捕鯨ボート「ダート」（*Dart*）と「トリオ」（*Trio*）が建

図4-3　アスニール・オリヴィエール絵（写真）葉書

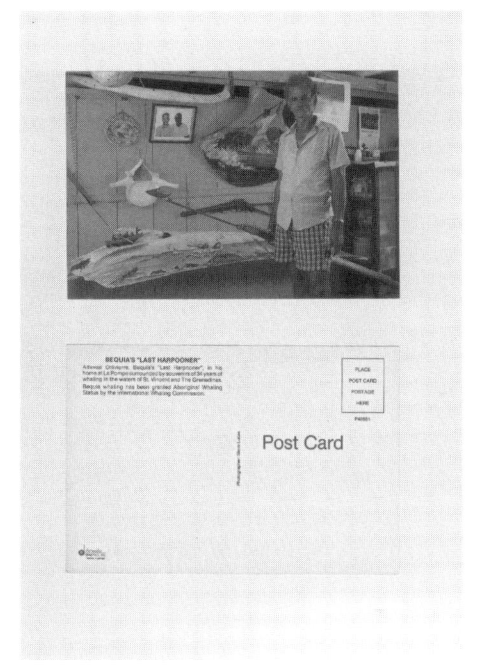

造され、アスニールは「トリオ」のキャプテン、銛手を歴任、1961年にアスニールは「トリオ」の銛手として初めて鯨を仕留めた（Ward 1995: 43-44）。

1961年漁期終了時にアスニールは3人の兄、バートン（Barton）、ルイス（Louis）、オコルド（Ocorold）（ハロルドの二、三、四男）と共に捕鯨事業に出資、参画した（Ward 1995: 44）。同年、プティ・ネイヴィス島に新しい鯨体処理施設が建築され（Adams 1971: 71）、鯨の解体処理はセンプル・ケイからオリヴィエール家による捕鯨事業の創業の地プティ・ネイヴィス島に戻り、同島で再び行われるようになった。

やがて捕鯨事業（鯨体処理施設と捕鯨ボート）はアスニールと3人の兄たちに引き継がれた。3人の兄のうち、バートン、ルイスは捕鯨ボートに乗ったが、オコルドは出資しただけで捕鯨には直接従事しなかった。1983年に「トリオ」の交替用ボート「ホワイ・アスク」（*Why Ask*）が建造され、引き

写真４－１　捕鯨ボート（2001 年）
左：レスキュー　右：ホワイ・アスク

続きアスニールが銛手を務めた。1989 年、「ダート」が売却され、1990 年より捕鯨ボートは「ホワイ・アスク」１隻となった。

1980 年代半ばより捕鯨ボート乗組員欠員時の補充メンバーとして捕鯨を手伝い始めていた O.O.（アスニールに捕鯨の手ほどきをしたノーマンの孫）は、1991 年に「ホワイ・アスク」の正式乗組員となった。O.O. の父グラフトン（Grafton）（ノーマンの四男）も過去 30 余年捕鯨ボートの乗組員として捕鯨に従事していた経験があり、O.O. は父グラフトンと同居し、家庭では父から、現場ではアスニールから捕鯨について学んだ。

アスニールの下で乗組員として５年間修業を積んだ O.O. は、1996 年初めに自らの捕鯨ボート「レスキュー」（*Rescue*）を父グラフトンの協力を受けて完成させ（写真４－1; ４－13）、同年より銛手として自らの捕鯨ボートに

表４－１　ザトウクジラ捕殺数および稼動捕鯨ボート数―1991～2014 年―

年	1991	1992	1993	1994	1995	1996	1997	1998	1999	2000	2001	2002
捕殺数	0	1	2	0	0	0	0	2	2	2	2	2
ボート数	1	1	1	1	1	2	2	2	2	3	3	2

乗っている。アスニール自身はまだ正式には引退していないが、77歳（1998年時点）の彼には銛手の仕事は少々きつい。捕鯨の中心は創始者ジョーゼフ一世から数えて5世代目、43歳（1955年生、1998年時点）のO.O.に移ったと言えよう。

この銛手O.O.率いる捕鯨ボート「レスキュー」が、1998年2月26日にザトウクジラ2頭の捕殺に成功した。1994年から1997年までの4年間捕殺ゼロに終わり（表4-1）、絶滅の危機に瀕していたベクウェイ島の捕鯨事業は捕鯨ボート「レスキュー」により文字どおり救出（rescue）されたのであった。

4.2. 捕鯨の現況

4.2.1. 概要

ベクウェイ島の捕鯨は、ベクウェイ島とムスティック島の間の海域をザトウクジラが南下していく2月上旬に始まる。2月の第1もしくは第2日曜日に、イギリス国教会の司祭により乗組員の安全と捕鯨の成功を願って捕鯨ボートに祝福がなされ[6]、翌日から出帆となる。捕鯨期間は同海域をザトウクジラが北上していく5月上旬まで続く。但し、『国際捕鯨取締条約』附表における捕殺枠が充足されれば（1988～1993年、年間3頭；1994～2002年、年間2頭；2003年以降、年間4頭）、その時点で捕鯨は終了となる。

筆者が調査を始めた1991年以降2014年までの24年間のザトウクジラの捕殺数は28頭であった（表4-1）。平均すれば年間1～2頭となる。捕殺数ゼロの1994年から1997年までの4年間は、捕鯨事業の中心が旧世代（創業4世代目）から新世代（創業5世代目）への移行期にあたっており、ある意味ではベクウェイ島の捕鯨文化の存続にとって最大の危機に直面していた

2003	2004	2005	2006	2007	2008	2009	2010	2011	2012	2013	2014	計
1	0	1	1	1	1	1	3	1	1	4	0	28
2	2	2	2	2	2	2	2	2	2	2	2	-

（出典：筆者の調査）

時期であった。この時期、絶滅の危機に瀕していたのはザトウクジラではなく捕鯨文化であった。

1998年、新世代の銛手O.O.がザトウクジラを2頭捕殺し、1999年は旧世代の銛手アスニールと新世代の銛手O.O.がそれぞれ1頭ずつ捕殺、2000年には創業6世代目の銛手B.C.も初めてザトウクジラの捕殺に成功した。2000年7月、過去40年近くベクウェイ島の捕鯨を率いてきた創業4世代目の銛手アスニール・オリヴィエールが79歳でこの世を去った。20世紀から21世紀への時代の変わり目にベクウェイ島の捕鯨も随分と若返り、新時代に入った。ここにもはや捕鯨文化の絶滅の危機はない。

捕殺されたザトウクジラはベクウェイ島の南1kmにある無人島のプティ・ネイヴィス島まで曳航、そこで解体処理され（波打ち際の岩場が天然のまな板となっている）、その場で島民に販売される。1993年、1998年の販売価格は、鯨肉、脂皮とも1ポンド（454g）当たり4 ECドル（180円）であった[7)]。島民はその場で鯨肉を料理し食するし、また家に持ち帰って、家族や親族、友人に分配したりもする。年に1度あるかないかのこの機会を通して、ベクウェイ島民は捕鯨の島の住民であることを再認識するのである。

捕鯨の成功がベクウェイ島民に捕鯨の島の住民としての一体感を与えている。捕鯨が消滅してしまったならば、あるいはカリブ海の多くの島々のように「西洋の避寒地」に零落してしまうかもしれない。そうならないためにも、ザトウクジラが少なくとも年間1頭捕殺されることが必要なのである。

4.2.2. 捕鯨ボートと捕鯨道具

1960年代初めに6隻あった捕鯨ボートは1970年代初めに2隻に減少、以降1980年代半ばまで、捕鯨ボート2隻、乗組員12人の体制が続いてきた（Price, W. 1985: 414）。1989年に捕鯨ボート1隻が売却され、1990年から1995年までは、捕鯨ボート1隻、乗組員6人となった。1996年に新ボートが建造され、再び2隻、12人体制となり、その状態が調査時（1998年）まで続いている。

1998年現在、ベクウェイ島で使用されている捕鯨ボートは「ホワイ・アスク」（1983年建造）と「レスキュー」（1996年建造）の2隻である（写真

写真4－2　ショルダーガン（1994年）

写真4－3　ダーティングガン（1997年）

4－1）。両ボートとも全長27フィート（8.2m）、幅7フィート（2.1m）と言われているが、砂浜に並べられた両ボートを比べてみると、後者の方が全体的に幾分大きい。ちなみに、後者の実測値は艇長8.25m、幅2.17m、深さ1.04mであった。

「ホワイ・アスク」には銛（3m）4本、ヤス（3.8m）3本、ショルダーガン（94cm）（写真4－2）2丁が、「レスキュー」には銛4本、ヤス3本、ダーティングガン（2.47m）（写真4－3）1本が準備されている。また、両ボートそれぞれに主帆、船首三角帆、オール5本、舵取りオール1本、櫂5本、舵1本、マニラ麻製ロープ（200m）が装備されている。

「レスキュー」の場合、その所有者（O.O.）によれば、建造費用は3万ECドル（135万円）であった。その他の初期投資としては、ダーティング

写真4－4　ボンブランス（1998年）
上：ダーティングガン用（36cm）　下：ショルダーガン用（44cm）

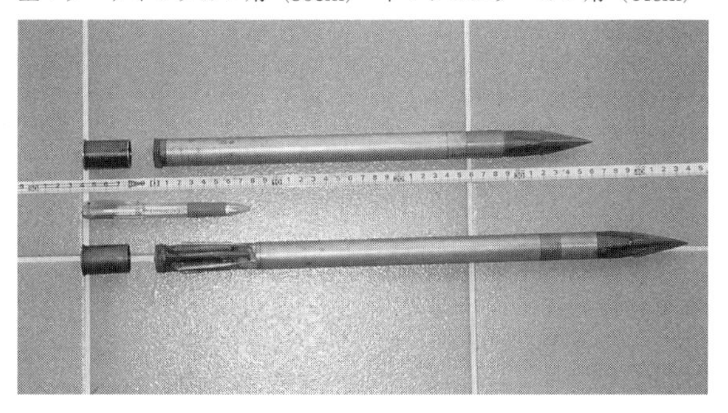

ガン：5000ECドル（22万5000円)、ボンブランス（写真4－4)：1200ECドル（1本400ECドル×3本、5万4000円)、ボンブランス用薬莢：300ECドル（1個50ECドル×6個、1万3500円)、銛：1600ECドル（1本400ECドル×4本、7万2000円)、ヤス：900ECドル（1本300ECドル×3本、4万500円）などである。これらだけで初期投資は3万9000ECドル（175万5000円）となる。これら以外にオール類一式、帆、ロープ等の経費もかかる。当然のことではあるが、これらの経費（現金）を捕鯨ボート所有者（銛手）は準備しなければならないのである。

ベクウェイ島の捕鯨ボートの原型であるナンタケット型捕鯨ボートは艇長28〜30フィート（8.5〜9.1m）あり（Adams 1971: 63)、現代の捕鯨ボートはそれよりも少し小さい。一方、ウォレスが捕鯨を開始した当時の捕鯨ボートは艇長25〜26フィート（7.6〜7.9m）しかなく（Adams 1971: 63)、現代の捕鯨ボートはそれよりも少し大きくなっている。

1950年代の終わり以降、調査時（1998年）まで40年近く捕鯨に従事し、「ホワイ・アスク」の所有者兼銛手であるアスニール・オリヴィエールによると、過去数十年間に何度か、銛を打ち込んだ鯨に捕鯨ボートごと海中に引きずり込まれたことや、鯨の背中で捕鯨ボートが跳ね上げられ、ひっくり返されたこともある。このような経験をもとに捕鯨活動中の転覆や沈没を避けるために捕鯨ボートにも改良が加えられ、百数十年前より幾分大きく強固にされている。

鯨の捕殺に際しては、基本的には手投げ銛を鯨に打ち込み、鯨を弱体化させた後、ヤスを突き刺して仕留めるが、ショルダーガンもしくはダーティングガンからボンブランスを発射して仕留める場合もある。ボンブランスは1本400ECドル（1万8000円）と高価なため、撃ち損じた場合の損失を考慮して、慎重に使用の可否の判断がなされる。

ダーティングガンとは、元々は北極圏地域での捕鯨に用いられていた道具で、銛の柄の部分にボンブランス発射筒が取り付けられており、銛が鯨体に突き刺さると同時に留め金が押され、ボンブランスが発射される仕組みとなっている。

これらの捕鯨道具は過去の遺物ではなく、ベクウェイ島の鯨捕りたちが誇りを持って現在でも使用しているものである。

なお、2000年には木造漁船の外側にグラスファイバーを被覆した3隻目の捕鯨ボート「パーシヴィアランス」（*Perseverance*）が捕鯨事業に参画している（写真4-15）。この捕鯨ボートの所有者兼銛手A.H.は1995年漁期中にO.O.がアスニール・オリヴィエールの捕鯨ボート「ホワイ・アスク」から離脱した後、アスニールが次の銛手として育て上げようとしていた人物であった（Junger 1995）。O.O.の独立後、「ホワイ・アスク」の乗組員となったA.H.は、1996、1997年には「ホワイ・アスク」のキャプテンを、1998年にはボウ・オールズマンを務め、2000年に銛手として独立を果たしたのであった。

4.2.3. 捕鯨従事者の仕事と役割

鯨捕りたちの日々の仕事は以下のとおりである。2月上旬から5月上旬までの捕鯨期間中、鯨捕りたちは日曜日・祝日と天候が悪い日を除く毎日、午前6時前にベクウェイ島の風上側に位置するフレンドシップ湾の浜辺に集合し、天候や海上の状況をみて出漁するか否かを決定する。風向きが悪い時にはベクウェイ島において待機する場合もある。その場合は、鯨捕りたちも高台に登り、探鯨する。

出漁する場合は6時～6時30分頃に捕鯨ボートで出帆し、ベクウェイ島から南東に約 13km 離れたムスティック島をめざす。7 時 30 分～ 8 時頃同島に到着、捕鯨ボートを砂浜に係留し、乗組員は高台に登り、そこで待機する。待機中は交替で双眼鏡を用いて海上の鯨を探索、その傍ら銛手が持参した食料で朝食を取る。

一方、ベクウェイ島の高台には探鯨者および協力者が残り、双眼鏡で鯨を探索する。鯨が発見されれば、VHF 無線を用いて海上の捕鯨ボート、あるいはムスティック島にて待機中の鯨捕りたちに鯨発見の連絡がなされ、追跡が開始される。鯨が首尾よく捕殺されれば、ベクウェイ島の南 1km に位置するプティ・ネイヴィス島の鯨体処理施設にエンジン付きボートで曳航され、そこで解体処理される。約 3 か月間の捕鯨期間中、漁期終了（あるいは捕殺枠が充足される）まで、このような日々が続く。

2005 年 3 月 8 日に筆者が参加した捕鯨航海は次のとおりであった。なお、この日は残念ながら捕殺はなかった。

05:50　ベクウェイ島フレンドシップ湾に乗組員 6 人集合、出発準備。
06:00　捕鯨ボート「レスキュー」を海に降ろす。
06:05　漕艇開始。
06:07　帆柱を上げ、帆を張る。帆走開始、一路ムスティック島へ。
07:25　ムスティック島ブリタニア湾に到着。帆を巻き上げて、投錨停泊。
07:30　乗組員、ムスティック島に上陸。
07:40　丘の上にある探鯨台に到着。各自持参した双眼鏡で探鯨開始。
09:05-09:25　銛手 O.O. が持参したビスケット、コンビーフ、バナナで朝食。朝食後、各自適宜休憩しながら探鯨。
10:55-11:20　持参したビスケット、コンビーフ、パウンドケーキと現地購入したコーラで昼食。
11:45　下山開始。
11:55　ブリタニア湾に帰着、出発準備。
12:00　漕艇開始。
12:02　帆を張り、帆走開始。

写真4－5　捕鯨ボート「レスキュー」の乗組員6人（1997年）

13:22　フレンドシップ湾に帰着。
13:25　船首三角帆、巻上げ。
13:28　主帆、巻上げ。
13:30　主帆、取り外す。
13:32　乗組員、ベクウェイ島に上陸。
13:35　「レスキュー」を陸に揚げる。乗組員、帰路につく。

捕鯨ボートには6人が乗り組む（写真4－5）。各々の名称は、舳先から艫に順番に、①銛手（Harpooner）、②ボウ・オールズマン（Bow-oarsman）、③ミッドシップ・マン（Midshipman）、④タブ・オールズマン（Tub-oarsman）、⑤リーディング・オールズマン（Leading-oarsman）、⑥キャプテン（Captain）である。

オールでの漕艇時には左舷側に銛手、ミッドシップ・マン、リーディング・オールズマンの3人、右舷側にボウ・オールズマン、タブ・オールズマンの2人が座り、キャプテンは艫で舵取りオールを漕ぐ。従って、オールは右舷側に3本、左舷側に2本出ていることになる。帆走時には進行方向にあわせて片側に銛手からリーディング・オールズマンの5人が座り（もしくは立ち)、キャプテンは艫で舵を取る。

銛手は鯨の捕殺に関して絶対的な権限を有している。鯨の背後約 3m まで近づき、最初の手投げ銛（1 番銛）を打ち込み、続けて 2 番銛、3 番銛を打ち込む。銛を打ち込んだ鯨に捕鯨ボートごと海上を引っ張り回された後、銛手は弱った鯨にヤスを突き刺し、必要があればボンブランスを撃ち、仕留める。

ボウ・オールズマンは、銛手の言ったことを正確にキャプテンに伝える役目があり、銛手が鯨に銛を打ち込んだ時に、スプリット（主帆を斜めに張り出すための小円材）を下ろす。その後、2 番銛、3 番銛にロープを繋ぎ、銛、ヤス、ショルダーガン（あるいは、ダーティングガン)、ボンブランスを銛手に手渡す。銛手が銛を投げた時に、ロープがもつれないようにするのも彼の重要な仕事である。鯨が仕留められた時には海中に入り、鯨の体内に海水が入り込まないようにその口をロープでくくり合わせる。

ミッドシップ・マンは、帆走時に風向きにあわせて船首三角帆を操作する。また、銛手が鯨に銛を打ち込んだ時に、船首三角帆を小さく巻き上げて倒す。鯨が仕留められた時にはボウ・オールズマンと共に海中に入り、鯨の口をロープでくくり合わせる。

タブ・オールズマンは、銛手が鯨に銛を打ち込んだ時、ロープの入っている桶（タブ）の蓋を外し、ロープが引き出されていくようにする。また、鯨がロープを引っ張る際に生じる摩擦熱を減じるために銛綱柱に巻かれたロープに海水をかける。

リーディング・オールズマンは、銛手が鯨に銛を打ち込んだ時、主帆の帆脚索を取り外し、主帆を小さく巻き上げて倒す。また、ボウ・オールズマンの求めに応じて、ロープ、ショルダーガン（あるいは、ダーティングガン)、ボンブランスなどを船尾から取り出し、ボウ・オールズマンに手渡す。さらに、キャプテンの指示に従ってバラスト用の砂袋を慎重に動かすと共に、ボート内に溜まった水垢を適宜くみ取る。

キャプテンは、ボートの操船に関して全責任を負っており、艫で舵を取り、主帆を調整する。銛打ち後、ロープを素早く銛縄柱に巻き付け、ロープの繰り出しを容易にする。また、2 番銛以下の銛を打ち込みやすくするために、鯨とボートとの間隔を一定に保つ。なお、かつては銛手が銛を打ち込んだ後、キャプテンと銛手が場所を交替し、キャプテンがヤスもしくはショルダーガンでボンブランスを発射し、鯨を仕留めていたが、今日では銛手が仕留める。

銛手は銛打ちに関して、またキャプテンは操船に関して高度の技術を要求されるが、他の乗組員は、漁師としての技量があれば、現場での訓練により十分務まるようである。一般的に見習い乗組員はリーディング・オールズマンとして捕鯨ボートに乗り組み、熟達度合いに応じてタブ・オールズマン、ミッドシップ・マン、ボウ・オールズマンと一つずつ乗組員としての地位が昇格していく（もちろん、技量があれば、飛び越して昇格する）。ボウ・オールズマンは見習い銛手に相当し、銛手の背後でその銛打ちの技術を学ぶ。

前述の「レスキュー」の銛手O.O.は、1991年にアスニール・オリヴィエールの捕鯨ボート「ホワイ・アスク」にタブ・オールズマンとして参加、翌1992年から1995年途中までボウ・オールズマンを務め、1996年に自らの捕鯨ボート「レスキュー」を建造、銛手として独立した。また、「レスキュー」のキャプテンS.F.は、かつて「ダート」のキャプテンを務めていたことのあるベテランで（1936年生まれ）、操船技術に関しては全幅の信頼が置かれている。

一方、「レスキュー」のボウ・オールズマンE.K.は、1992年から1995年まで「ホワイ・アスク」のタブ・オールズマンを務め、1996年に「レスキュー」のタブ・オールズマンとなり、1998年にボウ・オールズマンに昇格した。同じく「レスキュー」のミッドシップ・マンM.O.は、1996年に「レスキュー」のリーディング・オールズマンとして初めて捕鯨ボートに乗り組み、1998年にミッドシップ・マンに昇格した。これら2人はそれぞれ1970年、1974年生まれで、乗組員の中では最も若い世代である。

40代の伸び盛りの銛手、60代のベテランのキャプテン、それに20代の体力のある乗組員と、「レスキュー」は理想の陣容を誇り、1998年春、見事にザトウクジラ2頭の捕殺に成功したのである。

なお、操船技術の確かさで「レスキュー」を支えてきたキャプテンS.F.も、70代に入ってからは老齢のためか出漁に積極的ではなくなり、2007年漁期を最後に捕鯨クルーからはずれた（銛手O.O.の言葉を借りるならば、「はずれてもらった」）。2009年時点で1998年当時から変動がなかったのは、銛手O.O.とボウ・オールズマンE.K.の2人だけであった。同年、タブ・オールズマンは固定されておらず、銛手O.O.は彼の三男B.O.（1984年生まれ）を時々、捕鯨に同行させていた。将来、B.O.が銛手の地位および捕鯨ボートを受け継げば、オリヴィエール一族6代目の銛手となるが、銛手の息子が簡単にその地位を継承できるわけではない。父から若干の手助けは期待できるが、最終的には自らの能力と人望で銛手の地位を勝ち取らなければならないのである（銛手の地位の継承失敗事例は4.2.5.で取り上げる）。

4.2.4. 鯨産物の分配法―シェアー・システム―

ベクウェイ島の捕鯨においては鯨捕りたちに賃金の支払いは行われておらず、「シェアー・システム」（share system）による鯨産物（鯨肉、脂皮）の分配が慣行となっている。捕殺された鯨は鯨体処理施設のあるプティ・ネイヴィス島の波打ち際の岩場で解体され（写真4－6）、鯨肉、脂皮ごとに各人に分配される。

1998年2月27～28日の解体、分配事例は次のとおりであった。

鯨肉は縦横15～16インチ（38.1～40.6cm）、厚さ6インチ（15.2cm）程度の肉片に切断され、桶に入れて、捕鯨ボート所有者（2人）に2桶分（2配分）ずつ、乗組員（12人）、探鯨者（1人）および鯨体処理施設保有者（複数であるが、1人分として計算）に1桶分（1配分）ずつ分配され、鯨肉片がなくなるまでこの分配が繰り返された。

その結果、捕鯨ボート所有者（2人）は全体の18分の2ずつを、乗組員（12人）、探鯨者（1人）および鯨体処理施設保有者（1人分計算）は全体の18分の1ずつを受け取ったことになる。なお、捕鯨ボート所有者は銛手を兼ねているので、彼らは鯨肉全体の6分の1ずつを受け取ったことになる。

一方、脂皮も鯨肉と同じ大きさの脂皮片に切断され、鯨肉片と同じ手順で、捕鯨ボート所有者（2人）に1桶分（1配分）、「オフィサー」と称される銛手（2人）およびキャプテン（2人）に1桶分（1配分）、オフィサーを除く乗組員（8人）、探鯨者（1人）および鯨体処理施設保有者（1人分計算）

写真4-6　解体中のザトウクジラ（1998年）

に1桶分（1配分）が分配され、脂皮片がなくなるまでこの分配が繰り返された。その後、2人の捕鯨ボート所有者は受け取った分配物を2等分、4人のオフィサーは受け取った分配物を4等分、オフィサーを除く乗組員、探鯨者および鯨体処理施設保有者は受け取った分配物を10等分した。

その結果、捕鯨ボート所有者（2人）は全体の6分の1ずつを、オフィサーと称される銛手（2人）およびキャプテン（2人）は全体の12分の1ずつを、オフィサーを除く乗組員（8人）、探鯨者（1人）および鯨体処理施設保有者（1人分計算）は全体の30分の1ずつを受け取ったことになる。なお、捕鯨ボート所有者は銛手を兼ねているので、彼らは脂皮全体の4分の1ずつを受け取ったことになる。

各人の取り分は、自家消費分および親族、友人への贈与分を除いて、その場で島民に販売された。1998年の販売価格は、鯨肉、脂皮とも1ポンド（454g）当たり4 ECドル（180円）であった。銛手O.O.は自らの取り分のうち大半をプティ・ネイヴィス島の解体現場で販売し（彼の妻が販売を担当）、残りを自宅に持ち帰った。自宅に持ち帰った鯨肉、脂皮を冷蔵庫で保存し自家消費すると共に、筆者が確認できた範囲では、それらの鯨産物を島内他地区に住みタクシー業を営む長兄、次兄と近隣に住む年長のイトコに贈与した。捕鯨シーズン（捕鯨シーズンは同時に観光シーズンでもある）が終われば、銛手O.O.は長兄、次兄と共に漁に出ることもあり、鯨産物の贈与により兄弟間の絆を強め、同時に贈与を受けた長兄、次兄は鯨捕り一族に生まれたことを再確認しているのである。また、次兄からは受け取った鯨産物の一部を近所にお裾分けしたことを聞いた。

このシェアー・システムによる分配、鯨捕りから親族、友人への贈与および島民への現金販売が、島中に鯨産物を行き渡らせることを可能にしている。ベクウェイ島民は少なくとも年に一度鯨肉を入手し食することにより、捕鯨の島の住民であるということを再認識するのである。

1998年2月末、ベクウェイ島においてザトウクジラが捕殺されたことを聞いたセント・ヴィンセント島の住民が、鯨肉を入手しようとしてベクウェイ島に渡ってきたが、その多くは入手できなかった。現金販売されているからといって誰もが購入できるわけではない。ベクウェイ島民と何らかの繋がりを持ち、幾分なりとも捕鯨文化を共有していない限り、鯨肉の入手は困難である。鯨捕りたちにとって現金は重要であるが、それが全てではない。本当に必要とする人々に（販売を含めて）分け与えてこそ、お互いに精神的充足感を得るのである。

ところで、1966年にベクウェイ島において現地調査を実施したアダムスによれば、当時のシェアー・システムは次のとおりであった。

鯨肉については、全体の4分の1が捕鯨事業経営者に、残りの4分の3が全乗組員に分配される（Adams 1971: 70）。一方、脂皮については、鯨油として精製された後、販売され、その売り上げからボンブランスの経費が差し引かれ、残額の3分の1が捕鯨事業経営者に、他の3分の1がオフィサー、すなわち銛手とキャプテンに、残りの3分の1が他の乗組員に分配される（Adams 1971: 69-70）。

以下、筆者の調査（1998年）とアダムスの調査（1966年）にみられる差異について考えてみる。脂皮については、全体が3等分されることは同じである。かつては捕鯨事業経営者が捕鯨ボートおよび鯨体処理施設を保有し捕鯨事業を運営していたが、筆者の調査時点では2人の捕鯨ボート所有者が捕鯨ボートの建造・修理費や、銛、ヤスなどの捕鯨道具の維持管理にかかる経費のほとんど全てを負担し、実質的に捕鯨事業を運営していた。また、鯨体処理施設は1961年の建設以来改修されておらず、維持管理費用もほとんど不要であった。従って、筆者の調査時点では、捕鯨事業経営者の取り分が捕鯨事業の実質的経営者である捕鯨ボート所有者の取り分となったと考えられる。一方、捕鯨事業経営者から鯨体処理施設を相続した鯨体処理施設保有者は、いわば鯨体処理施設使用料として3分の1配分の一部を受け取るのである。

鯨肉については、アダムスの調査と筆者の調査を十分に比較検討する材料を持ちあわせていないので、上述の分配事例を提示するだけにとどめておきたい。

アダムスの調査時（1966年）と筆者の調査時（1998年）を比べてみれば、捕鯨を取り巻く社会状況は大きく変化し、鯨油はもはや外貨を稼ぐ商品ではなくなった。その結果、脂皮も鯨肉と同価格で販売されるものとなり（1ポンド4 ECドル、1998年)、脂皮を重視する必要性はなくなった。しかしながら、シェアー・システムそのものについては、分配物の受け取り手に若干の変化はあるものの、現金収入源として重要であった脂皮を捕鯨事業の中核者（かつての捕鯨事業経営者、現在の捕鯨ボート所有者、およびオフィサー）に多くを分配した当初の姿からほとんど変化していないのである。

なお、2000年に過去40年近くベクウェイ島の捕鯨を率いてきた捕鯨ボート所有者兼銛手のアスニール・オリヴィエールが死去した後、シェアー・システムは単純化され、脂皮の分配も鯨肉と同様になった。すなわち、鯨肉、脂皮とも捕鯨ボート所有者が2配分を受け取り、他の者は1配分を受け取るようになった。近年、脂皮が鯨肉と同等の経済的価値しか持たなくなったので、捕鯨ボート所有者兼銛手の世代交代と共にシェアー・システムもより現実を反映した形に改められた。また、鯨体処理施設がプティ・ネイヴィス島からセンプル・ケイに移設された後は鯨体処理施設分のシェアーもなくなった。センプル・ケイは国有地であり、新鯨体処理施設建設費の大半が日本の「草の根・人間の安全保障無償資金協力」により助成されたからである(4.2.7.2.参照)。

4.2.5. 捕鯨事業の過渡期―2000年から2002年までの出来事―

2000年7月、ベクウェイ島の捕鯨を40年近く率いてきた操業4世代目の銛手、アスニール・オリヴィエールが79歳で亡くなった。ベクウェイ島の捕鯨を語る際には常に偉大なる銛手の1人として言及される人物であった。20世紀から21世紀への時代の変わり目にベクウェイ島の捕鯨も転換期を迎えたのであった。

ベクウェイ島においては、1994年から1997年までの4年間ザトウクジラの捕殺がなく、一時は捕鯨文化の消滅も危惧されていた。幸いにして1998年以降は毎年捕殺に成功し、銛打ちの技術も1998年から2000年にかけて操業5世代目O.O.、6世代目B.C.に継承された（図4－2）。ここにもはや捕鯨文化の絶滅の危機はない。

しかしながら、アスニールの死がベクウェイ島の捕鯨の将来にいくつかの問題を残した。一つはアスニールが保有し銛手を務めていた捕鯨ボート「ホワイ・アスク」の継承をめぐる問題、もう一つは同じくアスニールが共同保有し、鯨捕りたちが使用していた鯨体処理施設の使用をめぐる問題である。

2000年漁期、アスニールは養子B.C.（姉の息子の息子）を銛手に昇格させ、自らはボウ・オールズマンとして彼のバックアップを務め、彼に銛打ちを成功させた。銛手に昇格させたということは当然、将来捕鯨チームを彼に任せ、捕鯨ボートも彼に譲るとの考えがあったはずである。

残念ながら、アスニール亡き後、B.C.には捕鯨チームをまとめきれる銛手としての力量と人望がなかった。B.C.を銛手とする「ホワイ・アスク」は2001年漁期に出漁したのみで、捕鯨チームは事実上解散、2002年漁期以降は出漁していない。

2002年漁期以降、アスニールの遺産をめぐって実娘、養子B.C.、同じく養子で捕鯨チームの一員でもあったB.C.のイトコが相続争いを演じた。結局、捕鯨ボート「ホワイ・アスク」は実娘が相続し、他の漁師に売却した。売却後は、引き網漁に使用されている。また、アスニールの家屋敷、捕鯨道具などは養子B.C.と同じく養子でB.C.のイトコが相続して売却、それを折半した。

「レスキュー」の所有者兼銛手O.O.は筆者に対して「伝統のある捕鯨ボー

トが捕鯨に使用されなくなって非常に残念である。アスニールは後継者の選択に際して一つの過ちを犯した」と語っている。身内への甘さが偉大なる銛手アスニールをしても判断を誤らせたのである。

4.2.6. VHF 無線から携帯電話へ―探鯨者から鯨捕りへの連絡方法の変遷―

ベクウェイ島の鯨捕りから危機一髪の体験談を聞いたことがある。手投げ銛を打ち込まれ、銛綱一本で繋がっている捕鯨ボートを勢いよく引っ張っていたザトウクジラが急に 180 度方向転換し、捕鯨ボートに向かってきた。怖さのあまり 6 人の乗組員全員、血の気が引き、顔面蒼白になった。その直後、ザトウクジラの背中でボートが跳ね上げられ、全員が海の中に転落した。ビニール袋に入れていた VHF 無線機のスイッチを入れ、救援を依頼、駆けつけた仲間のボートに救助され、事なきを得た。そんな話である。当時はビニール袋に入れた VHF 無線機が命綱であったのである。

ベクウェイ島の高台において鯨を探索している探鯨者から鯨捕りたちに鯨発見の連絡があると、ムスティック島の浜辺に係留してある捕鯨ボートに 6 人の鯨捕りが乗り組み、ボートを漕ぎ出し、帆を上げて鯨の追跡を開始する。鯨との距離が 3m 強までに縮まると、最初の手投げ銛（1 番銛）を打ち込み、銛綱一本により鯨と捕鯨ボートが繋がっている状態となる。しばらくの間、鯨にボートごと海上を引き回された後、さらに何本かの手投げ銛を打ち込み、鯨を弱体化させ、最終的にヤス（あるいはボンブランス）により仕留める。この基本的な捕鯨方法は百数十年間変化していない。

これに対して、技術的に大きく変わったのが、ベクウェイ島の高台において鯨を探索している探鯨者から鯨捕りたちへの連絡方法である。かつては太陽光を手鏡に反射させて鯨発見の合図が発せられ、1982 年以降は VHF 無線が用いられるようになった（Price, W. 1985: 414）。もっとも、手鏡から VHF 無線に完全に切り替わったというわけではない。最初の鯨発見の合図は手鏡の反射でなされ、その後、探鯨者と鯨捕りの双方が VHF 無線のスイッチを入れる手順となっている。

2002 年、ベクウェイ島に携帯電話会社が進出してきた。しかも 3 社[8)]がほぼ同時期であり、3 社間で販売競争が繰り広げられた。その結果、鯨捕りたちも相次いで携帯電話を持つようになった[9]。

2003年以降、鯨発見の第一報は、探鯨者から携帯電話により鯨捕りたちのリーダーである銛手に入るようになった。その後、必要に応じて銛手から他の鯨捕りたちにも携帯電話で連絡が流れる手順となっている。もちろん、鯨捕りたちは、追跡方向の確認や捕鯨ボートの転覆に備えて、携帯電話を厚めの防水ケースに入れて海上にも持参する。

筆者が聞いた限りでは、携帯電話を持つようになって以降、本項の冒頭で述べたような転覆事故は起こっていない。海上での緊急時に携帯電話がVHF無線と同様に役に立つのかどうかは現在のところ不明である。

手漕ぎ・帆推進の捕鯨ボートに乗り、手投げ銛、ヤス（あるいはボンブランス）を用いてザトウクジラを捕殺するという百数十年間不変の捕鯨方法に携帯電話という最新技術が加わったベクウェイ島のザトウクジラ捕鯨。表4－1（4.1.2.参照）からわかるように、携帯電話導入後も捕殺数は増加していない。探鯨者と鯨捕りとの連絡、あるいは鯨捕り間での連絡は、携帯電話導入後、確かに便利にはなった。しかしながら、この最新技術は捕鯨方法の本質には関わっていないのである。

鯨捕りたちが手漕ぎ・帆推進の捕鯨ボートに乗り、手投げ銛、ヤス（あるいはボンブランス）により捕殺するという旧来の捕鯨方法を用いる限り、ザトウクジラを捕りすぎることはない。なぜならば、一度捕殺に成功すれば、捕鯨ボートも捕鯨道具も傷み、修理が必要となる。また、鯨捕りたちにも休養が不可欠である。さらに、鯨肉および脂皮の消費には一定期間が見込まれる。加えて、たとえ多くを捕殺したとしても、大型冷凍施設がないため、鯨産物の長期保存は困難である（それゆえ、無理して多くを捕らない）。しかも、ザトウクジラがベクウェイ島の近海に回遊してくる時期は2月上旬から5月上旬までである。これらのことが相まって、ベクウェイ島のザトウクジラ捕鯨は捕りすぎない捕鯨、捕れすぎない捕鯨、すなわち結果として資源の持続的利用となっている。この資源の持続的利用型捕鯨は、モバイル時代となった今日（2014年）でも不変である。

写真4－7　旧鯨体処理施設―プティ・ネイヴィス島―（1991年）

4.2.7. 鯨体処理施設の移設―プティ・ネイヴィス島からセンプル・ケイへ―

4.2.7.1. 新鯨体処理施設の建設に向けて

従来、捕殺されたザトウクジラの解体作業は、ベクウェイ島の南1kmに位置する無人島プティ・ネイヴィス島（ベクウェイ島から船外機付きのボートで10分程度）の鯨体処理施設において行われてきた（写真4－7）。

この施設は1961年に建設され、建設費用を負担したアスニールほか4兄弟の共有物とされてきた。アスニールが捕鯨に従事している間は、共有者およびその相続人が鯨体処理施設使用料として鯨産物の分配を受けてきたが、アスニールの死後、土地の相続問題がこじれ、2003年以降、鯨体処理施設の使用が不可能となった。その結果、新たなる鯨体処理施設が必要となり、プティ・ネイヴィス島よりもベクウェイ島側に位置する小島（岩礁）センプル・ケイ（ベクウェイ島から船外機付きのボートで2分程度）において建設が始まった（写真4－8）。2003年漁期は未完成の状態で使用した。

センプル・ケイは1880年代に鯨体処理施設が立地していた小島であり、ベクウェイ島からの移動は簡単（これが2003年漁期に問題となった）、土地は国有地のため所有権の相続問題に煩わされることもない（現在は国から無償借用中、これも将来問題となるかもしれない）。完全な鯨体処理施設が建設されていたならば、プティ・ネイヴィス島よりも捕鯨事業にとって有益に

写真4－8　センプル・ケイ（2003年）

なっていたかもしれない。ところが、そうではなかった。

鯨捕りたちの計画では3万4000 ECドル（153万円）の寄付を集めて、周囲をフェンスにより完全に遮蔽した鯨体処理施設を建設する予定であったが、目標の半分以下の1万5000 ECドル（67万5000円）しか集まらず、2003年は基礎部分を建設して終わった。この基礎工事は、1月から3月中旬までの2か月半の間に鯨捕りたちが施工したものであった。

2003年漁期は3月中旬から始まり、3月29日に1頭のザトウクジラが捕殺された。翌日から解体作業が始まったが、鯨体処理施設の周囲に遮蔽物が全くないため、解体する傍らで鯨産物をベクウェイ島から渡ってきた一部の人たち（多くは無職の若者）に盗まれ、しかも販売されてしまった。プティ・ネイヴィス島において鯨体処理がなされていた時にも、鯨産物の持ち去りは間々あり、捕鯨関係者もそれらを大目に見てきた経緯はあったが、少なくとも現場で盗人が鯨産物を販売するということはなかった。かつては盗人にも常識があったのである。

鯨捕りたちは、鯨肉、脂皮を1ポンド5 ECドル（225円）で販売したが、その横で盗人に売られては商売にならない。2003年からは『国際捕鯨取締条約』附表第13項(b)(4)による捕殺枠が4頭に増えたが（2002年までは2頭）、2003年は1頭陸揚げしただけで捕鯨をやめてしまった。

もう一つの問題は、センプル・ケイへの鯨体処理施設の移設にベクウェイ島フレンドシップ湾沿いに立地するホテル業者が反対したことであった。センプル・ケイの対岸のフレンドシップ湾には美しい白砂のビーチがあり、い

写真4－9　解体残滓物貯蔵プール（2003年）

くつかのホテルやコテージもある。従来よりも近接地に鯨体処理施設ができれば、解体による血や残滓物によりビーチが汚染されるなどの理由から移設に反対し、観光文化大臣に移設反対の手紙を書いた。

鯨捕りたちは、鯨体処理施設に併設する形で波打ち際に解体残滓物一時貯蔵用のプールを作り（写真4－9）、2003年の解体に際しては残滓物をここに一時貯蔵、解体終了後、沖合に投棄した。また、解体に際して流れ出た血も、潮流の関係でビーチには流れずに沖に向かうことが今回の解体で明らかになった。その結果、ホテル業者の反対の声も一応は収まった。しかし、鯨捕りたちとホテル業者（観光事業者）との関係は微妙な問題である。

ここに、センプル・ケイを鯨体処理施設用地としてセント・ヴィンセントおよびグレナディーン諸島国政府から無償貸与されていることが微妙に絡んでくる。捕鯨関係者と直接関わるのは農業土地水産省水産局、ホテル業者と直接関わるのは観光文化省観光局である。ベクウェイ島の捕鯨関係者とホテル業者がもめた場合、伝統文化としての捕鯨を優先するのか、それとも外貨を稼ぐ観光業を優先するのかは、結局のところ両局長、あるいは両大臣の力関係によるが、最終的な決着は首相が「捕鯨と観光」をどう考えるかにかかってくる。

ここにまた、1984年から2000年末までセント・ヴィンセントおよびグレナディーン諸島国首相を務めていたジェイムズ・ミッチェル元首相と、2001年の総選挙に勝利し首相に就任したラルフ・ゴンザルベス現首相との確執が、影を落とす。

ベクウェイ島における捕鯨事業の創始者の1人、ジョーゼフ・オリヴィエールの玄孫としてベクウェイ島で生まれ育ったミッチェル元首相は(Mitchell 2006: photo 2, 3, 6; Ward 1995: back cover)、地域社会における捕鯨文化の持つ意義を十分理解していた。それだからこそ1984年に首相就任以降、セント・ヴィンセントおよびグレナディーン諸島国は国際捕鯨委員会の年次会議において、それまでの西洋の反捕鯨国に足並みを揃える態度を変え、捕鯨国および捕鯨理解国側に立つようになったのである。

また、彼は1967年に生家を改装して部屋数5室の小規模ホテルを開業(Mitchell 2006: 92)、首相就任前には観光大臣も経験し、ベクウェイ島の捕鯨も観光も熟知している政治家であった。首相在任中はベクウェイ島の捕鯨文化と観光開発の並存に心がけてきた。

1992年にヨーロッパ共同体(EC)の援助を受け、捕鯨海域に面したサンゴ礁の海岸線を埋め立ててベクウェイ空港を建設した(総工費5600万ドル、うちEC援助5400万ドル)。その一方、埋め立てで余った白砂を用いて空港の隣接地に人工ビーチを造成、そのビーチを島の偉大なる銛手にちなんで「アスニール・ビーチ」と名づけた(4.4.2.; 4.4.3.3.参照)。ベクウェイ島に外貨をもたらす観光開発と伝統文化である捕鯨とを、何とか並立させようとする彼の苦心の一例であった。

一方、ゴンザルベス現首相は、各種の労働争議において組合側を支援してきた辣腕弁護士である。2000年、ミッチェル首相率いる政権与党、新民主党(New Democratic Party: NDP)がお手盛りで議員年金の増額を可決、それに対して野党、統一労働党(Unity Labour Party: ULP)を率いていたゴンザルベス党首は猛反発、ゼネストを組織し、繰上げ選挙を実施させ、ついには2001年3月の総選挙に勝利し(ULP12議席、NDP 3議席)、首相に就任したのであった[10]。

議員を引退したとはいえ、ベクウェイ島を含む選挙区では今なお厳然たる力と圧倒的な支持基盤を持つミッチェル元首相。その元首相の力の源泉ベクウェイ島(ベクウェイ島を含む選挙区ではNDP所属の議員が選出されている)に対して、ゴンザルベス現首相はどういう政治を行っていくのであろうか。彼の政策を慎重にみていく必要がある。

2002年、政権交代前から水産局長を務めてきた人物が配置転換させられた。理由は不明だが、1998年7月までセント・ヴィンセントおよびグレナディーン諸島国の水産局にて働き、同年10月以降は近隣国トリニダード・トバゴにいる国際協力事業団（現・独立行政法人国際協力機構）関係者の話では、政治的理由によるらしいとのことであった[11]。なお、後任の水産局長（代行）には首相と同郷の水産局職員が任命されている。

2001年の政権交代以降、セント・ヴィンセントおよびグレナディーン諸島国は、国際捕鯨委員会の年次会議において、他のカリブ海諸国5か国（アンティグア・バーブーダ、ドミニカ連邦、グレナダ、セントルシア、セントキッツ・ネイヴィス）とは多少異なる投票態度を取り始めている。従来は全ての投票においてカリブ海諸国6か国は、日本をはじめとする捕鯨国および捕鯨理解国と同一歩調を取っていた。それが少し変わり始めたのである。

例えば、2003年にドイツ、ベルリンで開催された第55回国際捕鯨委員会年次会議において、日本提案の「ミンククジラの改訂管理制度実証試験150頭捕獲枠要求案」には、セント・ヴィンセントおよびグレナディーン諸島国は、日本、ノルウェー、他のカリブ海諸国5か国と足並みを揃えて賛成に回ったが（賛成19、反対26、棄権1で否決）、同じく日本提案の「ニタリクジラの改訂管理制度実証試験150頭捕獲枠要求案」には、日本、ノルウェー、他のカリブ海諸国5か国とは異なり投票を欠席した（賛成17、反対27、棄権1で否決）[12]。これがゴンザルベス首相の独自性なのかもしれない。彼がベクウェイ島のザトウクジラ捕鯨をどう考えているのか、何とか知りたいものである。

ベクウェイ島の鯨捕りたちにとって、センプル・ケイの鯨体処理施設を完成させることが喫緊の課題である。苦労して捕殺した挙句、鯨産物を解体する横で盗まれ、販売されてはたまったものではない。これでは事業意欲もうせてしまう。問題は不足する建設資金をいかにして確保するかである。

鯨捕りたちは、建設にかかる全ての資金（資材の現物供与を含めて）を島内有志からの寄付で募り、自分たちの労働により建設する計画であったが、上述のように、予定額3万4000ECドル（153万円）に対して1万5000EC

ドル（67万5000円）しか集まらなかった。やはり全額を寄付で賄うというのには少し無理がある。もちろん彼ら自身が残額全てを負担するというわけにもいかないであろう。

では、セント・ヴィンセントおよびグレナディーン諸島国政府はどうであろうか。2003年8月15日に同国水産局長（代行）と面談した際、政府の支援を尋ねてみたが、「政府としてはセンプル・ケイの無償貸与以上のことはできない」、「あとは民間の支援に期待している」とのことであった。

鯨捕り、政府とも第三者の善意に期待しているだけではことが進まない。ここはやはり鯨産物の売り上げから、残りの建設資金1万9000ECドル（85万5000円）を賄うしかないであろう。1ポンド5 ECドルで鯨産物が販売されるのであるから、3800ポンド（1725.2kg）販売すれば充足する。ザトウクジラ1頭捕殺すればお釣りがくる。1年間だけ捕殺枠4頭のうち3頭は生計用、残りの1頭を鯨体処理施設建設資金に回せばよいのである。

2002年までは『国際捕鯨取締条約』附表第13項(b)(4)の規定により2頭しか捕殺できなかったが、2003年以降は4頭捕殺可能となった。1頭分の売り上げを鯨体処理施設建設資金として使用したとしても、従来よりもまだ1頭多いのである。長期的に安定した捕鯨事業を考えるのであるならば、応分の自己負担もやむをえないであろう。

4.2.7.2. 新鯨体処理施設の完成

ベクウェイ島の鯨捕りにとって、捕鯨事業をより安全確実に実施にするためには、完璧なる鯨体処理施設を建設することが必要である。そこで彼らは銛手O.O.を会長、もう一人の銛手A.H.を副会長、O.O.のイトコで高校教員H.B.を事務局長として捕鯨関係者により設立されたNGO「ベクウェイ島先住民捕鯨者協会」(Bequia Indigenous Whalers Association)（以下、「BIWA」と表記）を受け皿として、鯨体処理施設建設に向けて外部資金の導入をめざした。彼らが求めたのは日本からの資金援助であった。

2004年12月、BIWA事務局長H.B.から、セント・ヴィンセントおよびグレナディーン諸島国を管轄する在トリニダード・トバゴ日本国大使館あてに、センプル・ケイに鯨体処理施設を建設することへの26万6264ECドル

写真4-10　完成した新鯨体処理施設―センプル・ケイ―（2006年）

（撮影：歳原隆文）

（1065万560円）の「草の根・人間の安全保障無償資金協力」（Grant Assistance for Grass-roots Human Security Projects Program）（以下、「草の根無償資金協力」と表記）申請書が提出された[13]。同申請については、2005年2月に基礎工事費や屋根建築費用の一部を削減、工費を24万1614ECドル（966万4560円）に減額したうえで再申請書が提出された[14]。

日本の在外公館が公表しているNGO向けの無償資金協力に関する説明書によれば[15]、草の根無償資金協力の場合、供与額が1000万円未満は在外公館での審査、1000万円以上は外務省および財務省の審査となる。事務の煩雑さを避け、援助を迅速的に実施してもらうため、申請額が1000万円未満に減額されたものと考えられる。

この草の根無償資金協力申請は在トリニダード・トバゴ日本国大使館により承認され、2005年6月24日、ベクウェイ島においてBIWA会長O.O.と、在トリニダード・トバゴ日本国大使館の加藤重信大使との間で、鯨体処理施設建設にかかる無償資金協力の調印式が挙行され、総額8万9486USドルの無償資金協力が実施されることとなった[16]。

本無償資金協力を受けて、中断されていたセンプル・ケイの鯨体処理施設の建設は銛手O.O.ほか鯨捕りたちの手で再開され、同施設は2006年漁期前に完成した（写真4-10）。

2006年4月9日、1頭のザトウクジラが銛手A.H.によって最初に銛打ちされ、銛手O.O.によって撃たれたボンブランスにより仕留められた。この捕殺されたザトウクジラは、完成したセンプル・ケイの鯨体処理施設において早速解体処理がなされ、鯨肉・脂皮は地域住民に販売された。2003年のように炎天下で解体処理の全過程がなされることもなく、また鯨肉・脂皮が解体途中に盗まれることもなかった。すなわち、安全かつ衛生的に解体処理がなされたのである。

筆者は1991年に初めて現地に入り、その後の現地調査の過程においてプティ・ネイヴィス島にあった旧鯨体処理施設の老朽化の弊害を見聞きしてきただけに、この新しい鯨体処理施設の完成は、鯨捕りたちおよび地域住民に大きな活力を与えたと考えている。日本的な言葉で表現するならば、「地域づくり」であった。日本国政府による開発援助については地元に対する弊害が語られることもあるが、このセンプル・ケイの鯨体処理施設に対する草の根無償資金協力は、ベクウェイ島の鯨捕りたちの自律的な活動を促進し、また地域住民への安全かつ衛生的な鯨肉、脂皮の供給に貢献しているのである。

以下、関連事項（捕鯨と政治との関わりを示す資料）として、この草の根無償資金協力に関連するセント・ヴィンセントおよびグレナディーン諸島国の政治状況を記しておく。

上述した草の根無償資金協力の申請、採択においてBIWA事務局長H.B.の果たした役割は大きかった。申請当時、高校教員であったH.B.は事務処理および文章作成能力に長けており、現地の捕鯨関係者の中で唯一セント・ヴィンセントおよびグレナディーン諸島国政府関係者ならびに日本国政府（在トリニダード・トバゴ日本国大使館）関係者と交渉できる人物であった。

本案件が在トリニダード・トバゴ日本国大使館により承認された後、BIWA事務局長H.B.は2005年12月に実施されたセント・ヴィンセントおよびグレナディーン諸島国総選挙に際して、ベクウェイ島を含む選挙区（北グレナディーン諸島区）から与党ULPの候補者として出馬し、野党NDPの候補者に647票対1855票という大差で敗れた[17]。

しかしながら、H.B.は総選挙後、政府内に新設された国家安全省グレナディーン諸島問題局次長（Deputy Director of Grenadines Affairs）に任命され、政府におけるベクウェイ島を含むグレナディーン諸島一帯の諸問題に関わる窓口役となった[18]。その後、ベクウェイ島の中心地にある政府施設内に彼のオフィスが設けられた。まさしく政治的任用であった。また、彼は2006年6月には、セントキッツ・ネイヴィスにおいて開催された第58回国際捕鯨委員会年次会議に、セント・ヴィンセントおよびグレナディーン諸島国政府代表団の一員として参加している[19]。

ベクウェイ島は、NDPを創設し、1984年から2000年末まで首相を務めたミッチェル元首相の生誕地・居住地であり、政界から引退したとはいえ、ベクウェイ島におけるミッチェル元首相の影響力は現在でも圧倒的である。2005年12月の総選挙においては、ULPが全15議席中12議席を獲得、NDPに圧勝したが、NDPが確保した3議席中、北グレナディーン諸島区のみが与党候補に1208票という大差をつけての勝利であった（残りの2選挙区は40票差と259票差であった）[20]。

銛手O.O.（BIWA会長）をはじめてとしてBIWA関係者は、事務局長H.B.を除いて熱心な親ミッチェル、親NDPである。銛手O.O.と事務局長H.B.はイトコ同士で、道を隔てて徒歩1分もかからない隣接地に居住しているが、両者間の政治的距離は遠い。

野党議員時代に辣腕弁護士として各労働組合の顧問となり、ゼネストを指揮、2001年の繰り上げ総選挙に勝利、政権を獲得したゴンザルベス首相であるが[21]、そのゴンザルベス首相率いる政権与党ULPのベクウェイ島切り崩しの橋頭堡的存在がグレナディーン諸島問題局次長（BIWA事務局長）H.B.なのである。H.B.に文書事務管理能力、政治的繋がりがあったからこそ、野党NDPの金城湯池の地ベクウェイ島において、日本の草の根無償資金協力を得て、新鯨体処理施設の建設という鯨捕りたちの長年の願望が成就されたのであった。

それはまた、H.B.自身の個人的野心、ゴンザルベス首相の政治的思惑、そして日本国政府の国際捕鯨委員会対策が微妙かつ複雑に混ざり合った結果でもあった。

炎天下の解体作業は、鯨捕りたちの安全面、あるいは鯨肉、脂皮の衛生管理面からも不適切である。また、鯨体の完全利用の見地からも同様である。

日本の草の根無償資金協力を活用して、ベクウェイ島センプル・ケイに新鯨体処理施設が完成したことは非常に有意義であった。これで鯨捕りたちは、灼熱の太陽、カリブ海の荒波、鯨肉・脂皮の横取りを企む不心得者に解体作業を妨げられることもなく、安全に解体作業に従事できる。また、屋内での鯨肉、脂皮の販売は当該鯨産物の衛生管理に役立ち、地域住民に安心・安全な鯨産物を供給することも可能となる。加えて、十分な鯨体処理施設は鯨体の完全利用を可能にし、資源の有効利用に通じる。この鯨体処理施設への資金協力がベクウェイ島の鯨捕りたちへの日本からの初めての直接的な財政支援であった[22)]。

筆者の長年にわたる現地調査経験から、本支援は地域づくりに大きく寄与するものであったということを再度強調しておきたい。

4.3. ベクウェイ島の捕鯨をめぐる国際関係

第3章においては、国際捕鯨委員会議事録からベクウェイ島の先住民生存捕鯨を規定している『国際捕鯨取締条約』附表第13項(b)(4)の修正にかかる議論を分析、考察してきた。しかしながら、当然のことではあるが、会議の公式記録である議事録には非公式な会合や舞台裏での話し合いなどは記録されていない。従って、議事録を読み解くだけでは、なぜそのような結論に至ったのかについて理解できないような事柄も出てくる。特に、従来の議論の流れでは想像できなかった結論となった場合などがそうである。そこが議事録だけに頼ることの限界である。そのような限界を超えるための一つの方法がフィールドワークである。すなわち、国際捕鯨委員会に自らが出席し、参与観察を実践することにより、国際会議の表と裏を自らの視点で記録し、その分析、理解を試みるのである。

筆者は幸いにして、ベクウェイ島の先住民生存捕鯨にかかる議論が紛糾した第51回年次会議（1999年）と第54回年次会議（2002年）に出席する機会が与えられた。以下、その経験に基づいて、国際捕鯨委員会の表と裏からベクウェイ島の先住民生存捕鯨をめぐる国際関係をみていく。

4.3.1. ベクウェイ島の捕鯨と先住民生存捕鯨

1982年に開催された第34回国際捕鯨委員会年次会議において、沿岸捕鯨の捕殺枠を1986年漁期からゼロとし、母船式捕鯨の捕殺枠を1985/86年漁期からゼロとする商業捕鯨の一時停止をめざした『国際捕鯨取締条約』附表第10項の修正案が採択された（IWC 1983: 20-21）。その結果、当該漁期以降、『国際捕鯨取締条約』締約国は条約が取り扱う13種の鯨類については「先住民生存捕鯨」を除いて捕殺枠はゼロとなり、当該鯨種の商業捕鯨は事実上、不可能となった。

セント・ヴィンセントおよびグレナディーン諸島国は、第33回年次会議（1981年）の会期中に『国際捕鯨取締条約』の締約国となり（IWC 1982a: 17）、5年後の第38回年次会議（1986年）において、同国はベクウェイ島民による先住民生存捕鯨のための捕殺枠を正式に要求した（IWC 1987: 19）。そして翌第39回年次会議（1987年）において、先住民生存捕鯨小委員会はベクウェイ島における捕鯨の事実およびその内容を検討し、当該捕鯨の先住民生存捕鯨性を承認した（IWC 1988: 21）。この先住民生存捕鯨性の承認を受けて、セント・ヴィンセントおよびグレナディーン諸島国は、技術委員会において附表第13項(b)に(4)として同国ベクウェイ島のザトウクジラの捕殺枠を追加する附表修正を提案、同案は技術委員会において合意され、さらに一部の文言に修正を加えたうえで、国際捕鯨委員会総会において承認された（IWC 1988: 21）（最終的になされた附表修正については、3.2.を参照）。

この結果、1987/88年漁期（実質は1988年、以下同様）から3年間、年間3頭のザトウクジラの捕殺が国際的な枠組みの中で可能となったのである。この3年間、年間3頭という捕殺枠は1990/91年漁期に更新され（IWC 1991: 30-31）、1993/94年漁期以降は年間2頭に削減された（IWC 1994: 17）。

捕殺枠が設定されて以降、捕殺数は枠内に収まっている。鯨捕りたちとしてはもう少し捕殺したいという願望は持っているが、セント・ヴィンセントおよびグレナディーン諸島国政府の指導に従って捕殺枠を遵守している。

彼らの捕鯨方法は創業以来この百数十年間ほとんど変わっていない。手漕ぎ・帆推進の捕鯨ボートに乗り、手投げ銛を持ち、体力の続く限りザトウクジラを追う。捕殺に成功する場合もあれば、失敗する場合もある。まさしく、人と鯨の命を賭けた闘いであり、非難されるところは何もない。

ところが、そう考えない人々もいる。ベクウェイ島におけるザトウクジラ捕鯨の存在に加えて、セント・ヴィンセントおよびグレナディーン諸島国自体が、国際捕鯨委員会において、日本、ノルウェーなどの捕鯨国の政策を支持している関係上、反捕鯨国および反捕鯨団体からのベクウェイ島の鯨捕りたちに対する反発は強い。1993年に京都で開催された第45回年次会議において、オランダ代表は銛手アスニール・オリヴィエールを指して「この老人はいつ死んでもおかしくない」[23]という発言を行い、物議を醸した。

反捕鯨国および反捕鯨団体は、ベクウェイ島のザトウクジラ捕鯨に関しては老銛手1人の捕鯨ということで、不承不承ながら彼の引退（死去）を待とうという姿勢で推移してきた。老銛手が引退（死去）すればベクウェイ島の捕鯨自体も自然消滅すると考えていたからである。ところが、そうではなかった。上述のように同島の捕鯨の中心は既に次の世代に移っている(4.2.1.参照)。反捕鯨国および反捕鯨団体の思惑通りに事は運ばなかったのである。

4.3.2. 第51回国際捕鯨委員会年次会議（1999年）

1999年5月、セント・ヴィンセントおよびグレナディーン諸島国の隣国グレナダにおいて第51回国際捕鯨委員会年次会議が開催された[24]。本年次会議には、78歳になった銛手アスニール・オリヴィエールもセント・ヴィンセントおよびグレナディーン諸島国代表団の一員として出席していた。開催初日の夜、グレナダ国首相により主催された歓迎パーティーに、彼は容器に入れた調理済みの鯨肉料理を持ち込み、鯨肉料理を参加者に勧めながら捕鯨談議の場を持ち、草の根交流に携わっていた。彼の真摯な姿勢に触れた誰もが彼の人柄のよさに魅了されたはずである。特に鯨肉料理は近隣のカリブ海諸国関係者には好評であった。

彼は他の同国代表団の成員のようにホテルには宿泊せず、グレナダに住む姪の家から会議場に日参していた。賑やかな外国の地に来てもビールも飲まず、普段どおりの慎ましい生活であった。但し、反捕鯨国関係者との接触は余りなかったと筆者は記憶している。もう少し彼と反捕鯨国関係者との間に交流があったならば、ベクウェイ島のザトウクジラ捕鯨にかかるイメージの改善がなされたかもしれないと思えるのだが…。

1999年（1998/1999年漁期）は3年間の捕殺枠の最終年度にあたっていたので、セント・ヴィンセントおよびグレナディーン諸島国政府は1999/2000年漁期から3年間、年間捕殺枠2頭を要求したが、アメリカ、イギリス、オランダ、ニュージーランドなどに代表される反捕鯨国が1998年の捕殺を問題視し、議論は紛糾した（IWC 2000a: 14）。

ここで問題となったのは、1998年にベクウェイ島において大小2頭の鯨が同時に捕殺されたことであった。この大小2頭の鯨を、反捕鯨国は「母仔連れ」とみなし、セント・ヴィンセントおよびグレナディーン諸島国は、「乳飲仔鯨もしくは仔鯨を伴っている雌鯨を捕獲、または殺すことを禁止する」とした『国際捕鯨取締条約』附表第14項に違反しているとして非難したのであった（IWC 2000a: 14）。

これに対して、セント・ヴィンセントおよびグレナディーン諸島国政府の見解は、「小さな鯨の胃の中には乳がなかったので小さな鯨は乳飲仔鯨ではない。従って、違反ではない」（IWC 2000a: 14–15）との立場であった。

この『国際捕鯨取締条約』附表第14項の解釈について、日本やノルウェーなどは「附表第14項は商業捕鯨を対象としたものであって、先住民生存捕鯨には適用されない」（IWC 2000a: 15）という見解を取っている。一方、アメリカ、オランダ、ニュージーランドなどは「附表第14項は先住民生存捕鯨にも適用される」（IWC 2000a: 15）という主張である。

また、日本国政府は「提案されている2頭の捕殺は今日では生息数が1万頭以上と推計されている個体群からである」（IWC 2000a: 15）との見解を表明し、資源論・科学論の立場から、アメリカ、イギリス、オランダ、ニュージーランドなどに議論を挑んだが、鯨類を偏愛する反捕鯨国には通じなかった。

結局、紛糾の末、セント・ヴィンセントおよびグレナディーン諸島国の要求は総意により認められたが、仔鯨捕殺禁止規定の厳格化、捕殺方法の改善および調査の強化などの条件が課せられた（IWC 2000a: 18）（3.8.参照）。

本年次会議の議論を通して、反捕鯨国には地域社会における捕鯨文化の持つ意義などを考えようとする姿勢は全くみられないことが明らかになった。ある鯨種が、生物資源学上、科学的に捕殺が可能であったとしても、反捕鯨国にとってそれは文化的、イデオロギー的に認められないのである。そのイデオロギー論争に勝つためには、科学よりも議論のテクニック、戦術が重要となってくるのである。

4.3.3. 第54回国際捕鯨委員会年次会議（2002年）

2002年5月、山口県下関市において第54回国際捕鯨委員会年次会議が開催された[25]。2002年（2001/2002年漁期）は3年間の捕殺枠（年間2頭）の最終年度にあたっていたので、セント・ヴィンセントおよびグレナディーン諸島国政府は、反捕鯨国が長年にわたって要求しつづけてきたベクウェイ島の捕鯨に関する国内規制案（4.3.4.参照）を提出すると共に、「漁期を5年間に延長し、捕殺枠も総数で20頭」とする附表第13項(b)(4)の修正要求案を提出した（IWC 2003a: 23）。

セント・ヴィンセントおよびグレナディーン諸島国政府がこの附表修正案と同時に提出した要求声明書によれば、ベクウェイ島のザトウクジラ捕鯨には以下の3点の必要性、すなわち、(1)社会文化的必要性、(2)栄養的必要性、(3)経済的必要性、が存在している（SVG 2002b: 2）。

同国政府は、研究者の報告（Adams 1971; Price, W. 1985; Ward 1995; Hamaguchi 2001）に基づいて、ベクウェイ島における捕鯨活動の歴史および捕鯨の社会文化的意義を説明し、「ベクウェイ島における捕鯨は鯨捕りたちの技能と勇気を必要とする古い伝統であるので、鯨捕りたちは尊敬されている」、「ベクウェイ島民は捕鯨の成功を誇りに思い、食料としての鯨肉、脂皮を歓迎している」（SVG 2002b: 2）と指摘している。ここでは、特にベクウェイ島の捕鯨における鯨捕りたちの役割、および食料としての鯨肉、脂皮の重要性が強調されている。

栄養的必要性については次のとおりである。1982年、ベクウェイ島での2頭のザトウクジラは、同島において必要とする動物性タンパク質の11%程度を供給していたが、2002年時点では人口が1982年の2倍となったので[26]、2頭のザトウクジラは必要とする動物性タンパク質の6%を供給するにすぎなくなった（SVG 2002b: 3-4）。従って、2002年時点で1982年当時と同量の動物性タンパク質をザトウクジラから得るためには、年間4頭の捕殺が必要であるとしている（SVG 2002b: 4）。この計算方法は非常に大雑把であるが、アメリカもアラスカの先住民イヌピアット、ユピートに対するホッキョククジラの捕殺枠要求に同様の計算方法を用いているので（USA 2002）、計算方法自体に疑義を唱えた国はなかった。

ザトウクジラの経済的必要性についても栄養的必要性と同様の方法で計算がなされている。1982年における2頭のザトウクジラからの鯨産物は、輸入肉（家畜肉、鶏肉）に必要な外貨の13%に相当したと推定しうるが、2002年時点では人口増の結果、2頭のザトウクジラからの鯨産物は輸入肉に必要な外貨の7%まで低下した（SVG 2002b: 3-4）。従って、経済的な観点からも年間4頭の捕殺が必要とされるのである（SVG 2002b: 4）。

このセント・ヴィンセントおよびグレナディーン諸島国の附表修正要求案は、先住民生存捕鯨小委員会では厳しい議論に直面したが（IWC 2003b: 70-71）、総会ではほとんど議論されず、一部修正のうえ、総意により合意がなされた（最終的に合意された附表第13項(b)(4)については3.10.を参照）。

ベクウェイ島の鯨捕りたちは、相変わらず母仔連れに見える大小2頭の鯨を捕殺しているにもかかわらず、捕殺枠は2頭から4頭に倍増し、漁期も3年から5年に延長された。従来の議論の流れからすれば、全くありえなかった結果である。そこには年次会議の表舞台には現れてこなかった非公式の話し合いがあったのである。

今回の年次会議においては、日本による「小型沿岸捕鯨を実施している4地域にミンククジラの捕殺枠50頭を暫定的に付与」（IWC 2003a: 35-37）する附表第10項修正要求案と、アラスカおよびチュコト地域の先住民によるホッキョククジラ捕鯨に関してのアメリカとロシアによる「2003年から2007年までのホッキョククジラの陸揚げ数280頭、年間最大銛打ち数67頭、但し未使用銛打ち数は翌年度以降に繰越可能」（IWC 2003a: 18-22）とする附表第13項(b)(1)修正要求案が真っ向からぶつかり合い、捕鯨国および捕鯨理解国と反捕鯨国の利害が複雑に絡み合った。この複雑な絡み合いはセント・ヴィンセントおよびグレナディーン諸島国に味方した。

日本はアメリカとロシアの要求に対して、「ホッキョククジラに他の商業捕鯨に適用されている改訂管理方式を適用すれば、数十年間は捕殺枠を出せない」(IWC 2003a: 19) と主張、話し合いによる合意形成に応じず、投票で決着を図る姿勢を明確にした。国際捕鯨委員会においては、捕殺枠の変更など『国際捕鯨取締条約』第5条に関わる附表修正には4分の3以上の賛成が必要となっている[27]。2002年現在、国際捕鯨委員会における反捕鯨国と捕鯨国および捕鯨理解国の勢力関係は一般的には5対4程度、議題によっては反捕鯨国による切り崩しの結果、2対1程度ぐらいにはなるが、反捕鯨国側が4分の3以上の多数を取ることは絶対に不可能である。

従来、アメリカは反捕鯨国の数の力を背景にして、ほとんど全て自国の要求を通してきた。ところが、今回はそれが無理となり、妥協の道を探す必要性が生じてきた。ここで、はじめてアメリカの交渉力が問われたのであった。最強硬反捕鯨国でありながら、自国において捕鯨(先住民生存捕鯨)を行っているので、捕鯨国と妥協する前に、他の最強硬反捕鯨国(イギリス、オーストラリア、ニュージーランド)を説得する必要があったが、アメリカにはその能力はなかった。残された道は、投票の先延ばしと捕鯨理解国の切り崩しだけであった。

結局、総会4日目にアメリカとロシアによる附表第13項(b)(1)修正要求案は採決に付され、賛成30、反対14、棄権1で否決された(IWC 2003a: 21)。この否決の後、アメリカ代表はセント・ヴィンセントおよびグレナディーン諸島国代表に対して、「セント・ヴィンセントおよびグレナディーン諸島国の附表修正要求案を全てのむ代わりに、アメリカとロシアの附表修正要求案に賛成してくれ。また他のカリブ海諸国を説得してくれ」との妥協案を舞台裏で持ちかけてきた[28]。セント・ヴィンセントおよびグレナディーン諸島国は、日本やノルウェーを中心とする捕鯨国および捕鯨理解国陣営の一員であるが、自国の附表修正要求案を通すためにアメリカとの妥協に応じた。但し、「自国の1票はともかく、他のカリブ海諸国は自分で判断することなので、説得はできない」という立場は明確にした。

翌日の総会最終日、まずセント・ヴィンセントおよびグレナディーン諸島国の附表第13項(b)(4)修正要求案が採決に付されず、総意により合意された。次に、捕鯨理解国の切り崩しに自信を持ったアメリカが、否決された原案の一部を手直しした附表第13項(b)(1)修正要求案を再提案し、採決に付された。投票結果は、賛成32、反対11、棄権2となり、要求案は再び否決された（IWC 2003a: 21-22）。これにより『国際捕鯨取締条約』附表の枠内においては、アラスカとチュコト地域の先住民によるホッキョククジラ捕鯨は、2003年漁期から不可能となったのである[29]。

アメリカ＝ロシアの附表修正要求案に先行して、セント・ヴィンセントおよびグレナディーン諸島国の附表修正要求案の採択を強硬に主張した同国および捕鯨国・捕鯨理解国陣営の作戦勝ちであった。アメリカ＝ロシアの附表修正要求案を先に否決していれば、セント・ヴィンセントおよびグレナディーン諸島国の附表修正要求案も、おそらく合意されなかったからである。

日本の小型沿岸捕鯨によるミンククジラ捕鯨とアメリカ合衆国アラスカ州のホッキョククジラ捕鯨をめぐって、日米両国が激突した結果、セント・ヴィンセントおよびグレナディーン諸島国のザトウクジラの捕殺枠要求については、少なくとも総会の場ではほとんど議論されず、舞台裏での交渉により最終的に妥協が成立し、投票に付されることなく決着した。もし、総会の場において議論されていたならば、いつも議論されている「仔鯨を捕る」、「母仔連れを捕る」などの問題により紛糾し、結果はどうなっていたかは不透明である。とにかく、セント・ヴィンセントおよびグレナディーン諸島国にとって結果は最良であった。この一例から、国際捕鯨委員会年次会議における議論は鯨に関する科学ではなく、政治により決着するということがよくわかるのである。

4.3.4. セント・ヴィンセントおよびグレナディーン諸島国先住民生存捕鯨規則2003

従来、ベクウェイ島の鯨捕りたちは捕殺枠を遵守するだけで、それ以外は比較的自由に捕鯨に従事してきた。2002年現在、ベクウェイ島の捕鯨に関しては国内的にはどんな規制も管理制度もない。捕鯨はザトウクジラがベクウェイ島の近くにやってきた時に始まり、捕殺枠が充足された時、あるいは漁期末に達した時に終わる。基本的に彼らは発見したどのような鯨でも（たとえ、母仔連れに見えようとも)、その捕殺を試みる。なぜならば、一度見逃せば次の機会は保証されていないからである。

1998年から2002年まで5年間、毎年2頭ずつ捕殺されているが、これらは全て母仔連れに見える大小2頭の鯨である（表4－2）。反捕鯨国の見地からは、上述のように（4.3.2.参照)、母仔連れ鯨の捕殺は『国際捕鯨取締条約』附表第14項違反となる。

第54回国際捕鯨委員会年次会議（2002年）にセント・ヴィンセントおよびグレナディーン諸島国政府から提出された『ベクウェイ島における先住民生存捕鯨規則』（*The Regulation of Aboriginal Subsistence Whaling in Bequia*）（SVG 2002a）の草案[30]において、同国は反捕鯨国による非難の回避を試みている。

その草案には「鯨捕りたちはザトウクジラの仔鯨あるいは仔鯨を伴った泌乳中の雌鯨を捕殺してはならない」（第1部B）とあり、「仔鯨」とは「胃の中に乳がある若い鯨」（第1部C.7.)、「泌乳中の雌鯨」とは「乳腺に乳が含まれている雌鯨」（第1部C.8.）と定義されている。従って、ベクウェイ島の鯨捕りたちは、胃の中に乳が入っていない小さな鯨や仔鯨を伴った泌乳中でない雌鯨の捕殺は可能となる。ここでは、セント・ヴィンセントおよびグレナディーン諸島国政府はベクウェイ島における捕鯨の現状に配慮し、新たな制限を設けようとはしていない。

この草案の問題点は「許可証」（第3部)、「訓練／資格」（第4部）などが明記されていることである。以下の草案を考察してみよう。

> 鯨捕りたちは、水産局長により発行され、大臣により承認された有効な捕鯨許可証を所持する捕鯨キャプテン（a whaling captain）の管理下にある場合を除いて、捕鯨に従事してはならない。（第3部A）

> 水産局長は捕鯨キャプテン、銛手、射撃手、潜水夫、牽引ボート操作手、その他捕鯨チームの成員に関する許可の指針および許可の過程を規定することができる。（第4部）

表4－2　ザトウクジラ捕殺詳細記録―1991～2014年―

年	月／日	捕殺数	内訳
1991	－	0	－
1992	不明	1	雌
1993	2/18	2	雌／仔
1994	－	0	－
1995	－	0	－
1996	－	0	－
1997	－	0	－
1998	2/26	2	雌／仔
1999	3/ 6	2	雌／仔
2000	3/ 6	2	雌／仔
2001	3/19	2	雌／仔
2002	3/27	2	雌／仔
2003	3/29	1	雄
2004	－	0	－
2005	2/15	1	雄
2006	4/ 9	1	雌
2007	3/23	1	雌
2008	5/ 2	1	雌
2009	4/24	1	雄
2010	3/18	1	雌
	4/ 6	1	雌
	4/14	1	雌
2011	4/18	1	雄
2012	4/11	1	雄
2013	3/ 8	1	雄
	3/18	2	雄／雌
	4/13	1	雌
2014	－	0	－

（出典：筆者の調査）

この草案から、セント・ヴィンセントおよびグレナディーン諸島国政府がベクウェイ島の捕鯨および鯨捕りたちを管理しようとしていることを読み取ることができる。しかしながら、残念なことに草案は事実を誤認している。上述のように（4.2.3.参照）、現実には銛手が捕鯨を取り仕切っているのである。銛手は捕鯨ボートの操船以外、捕鯨に関して全責任を負っている。キャプテンは捕鯨ボートの操船責任者ではあるが、捕鯨のリーダーではない。責任のない人物（キャプテン）に許可証を発給しても意味があるのであろうか。

結局のところ許可証は不要である。鯨捕りたちは日々の仕事の中で腕前をあげていく。能力のある者が銛手となり、捕鯨に関する責任を担うのである。これがベクウェイ島における捕鯨のやり方であり、捕鯨の自主管理制度と呼べるものである。

第54回年次会議においては、幸運にもザトウクジラの捕殺枠は実質倍増となったが、ベクウェイ島における捕鯨規則が国内的に制度化されてしまったならば、ザトウクジラ資源の管理に向けての国際的な圧力はますます強くなっていくであろう。それはベクウェイ島の鯨捕りたちにとっても、また一般島民にとっても不幸なことである。

セント・ヴィンセントおよびグレナディーン諸島国が『国際捕鯨取締条約』の締約国である限り、ベクウェイ島の捕鯨に対する国際的な規制や圧力は避けられない。しかしながら、第54回年次会議において「年間4頭までの捕殺はこの資源［北大西洋資源ザトウクジラ］を損なうことはないであろう」（IWC 2003a: 17）と合意されており、年間4頭程度のザトウクジラの捕殺は資源管理上、何ら問題はない。従って、『国際捕鯨取締条約』附表による捕殺枠以外の国内的な規制や資源管理制度は、捕鯨規制への口実を外部に与えるだけであり、現地の鯨捕りたちにとっては余分な負担となるものなのである。

捕鯨は毎年、4頭捕殺された時点で終了することになっている。手漕ぎ・帆推進の捕鯨ボートに乗り、手投げ銛およびヤスを使用するという伝統的な捕鯨方法では、鯨捕りたちがたとえ多くの捕殺を望んだとしても現実的には不可能である。それゆえ、セント・ヴィンセントおよびグレナディーン諸島国は資源管理の大枠を示すだけで十分であり、資源管理の実際は鯨捕りたちに委ねるのが望ましいのである。

第54回年次会議にセント・ヴィンセントおよびグレナディーン諸島国政府から提出された上述の『ベクウェイ島における先住民生存捕鯨規則』（案）が、その後の国会審議を経て、2003年6月、『セント・ヴィンセントおよびグレナディーン諸島国先住民生存捕鯨規則2003』として正式に制定された。当初は同年9月施行予定であったが、官報への公示は2003年12月30日付けとなり、施行は2004年1月1日となった。

本目におけるここまでの考察は、規則制定途中におけるものであった。以下、制定され、官報に公示された規則[31]に基づいて、筆者が問題と考える条項、すなわち、(1)捕鯨許可証の発給、(2)仔鯨および母仔連れ鯨の捕殺禁止、を取り上げる。

4.3.4.1. 捕鯨許可証の発給

第3条　捕鯨許可証

第2項　捕鯨キャプテンは有効な捕鯨許可証を所持していない限り、捕鯨活動に従事してはならない。

第11条　捕鯨許可証に関する罪

第2項　何人も有効な捕鯨許可証を所持している捕鯨キャプテンの管理下にある捕鯨チームの成員でない限り、いかなる捕鯨活動にも従事してはならない。

これらの条項（第3条第2項、第11条第2項）から、セント・ヴィンセントおよびグレナディーン諸島国政府が捕鯨許可証を発給することにより捕鯨キャプテン（実際は銛手）を管理し、その捕鯨キャプテンを通して、捕鯨事業全体を管理していこうとする意図を読み取ることができる。

従来、ベクウェイ島の捕鯨においては、鯨捕りとしての能力と人望および事業を維持しうる資金力のある者が銛手となり、捕鯨を取り仕切ってきた。

例えば、現在の銛手の1人O.O.は1990年代前半、長年にわたって偉大なる銛手として賞賛されてきたアスニール・オリヴィエールの捕鯨ボートの乗組員として5年間経験を積み、自ら捕鯨ボートを建造して独立、その後、銛手として自らの捕鯨チームを率いている。

銛手としての力量がなければ他の乗組員を集められないし、人望がなければ捕鯨チームをまとめ続けていけない。また、資金力がなければ捕鯨ボートを新造できないし、捕鯨事業の維持管理経費も賄えない。

2000年7月に逝去した上述の偉大なる銛手アスニール・オリヴィエールから銛手の地位および捕鯨ボートを受け継いだ彼の養子B.C.は、単独では2001年漁期のみ出漁できただけで、2002年以降、捕鯨チームは解散してしまった。残念ながら、B.C.には捕鯨チームをまとめきれる銛手としての力量と人望がなかったのである。

結局のところ、許可証があろうがなかろうが、能力と人望と資金力がなければ、銛手として捕鯨事業を管理運営していけないのである。

2006年現在、2人の銛手（O.O.とA.H.）が2隻の捕鯨ボートを率いている。新規則からすればこの2人の銛手が捕鯨キャプテンとなり、いずれは捕鯨許可証の発給を受けることになるであろう（2005年3月の調査時には捕鯨許可証は発給されていなかったが、2009年2月の調査時、銛手O.O.から捕鯨許可証が発給されるようになったことを確認した。毎年、漁期前に首都キングスタウンにある水産局に赴き、水産局長から捕鯨許可証の発給を受けるとのことであった)。

問題は、現在の捕鯨チームの誰かが自らの捕鯨ボートを建造し、独立を図った時である（現在の2人の銛手もこのようにして独立したのであった)。その際、セント・ヴィンセントおよびグレナディーン諸島国政府は彼(ら)の適性をどう判断するのであろうか。

また、捕鯨許可証を持つ捕鯨キャプテンが捕鯨事業への新規参入を嫌って新規捕鯨許可証の発給に反対したならば、政府はどう対応するのであろうか。捕殺枠は年間4頭であるから、新規参入は競争激化となる。捕殺物を等分したとしても、分け前は減る。一般的には、捕鯨関係者は新規参入を好まないはずである。

結局のところ、捕鯨事業の管理というベクウェイ島の鯨捕りたちに任せておけばそれで済んだ問題に、セント・ヴィンセントおよびグレナディーン諸島国政府が関与し始めたため、地元に将来のトラブルの種を持ち込んだのである。

4.3.4.2. 仔鯨および母仔連れ鯨の捕殺禁止

第2条　定義
「仔鯨」とは、胃の中に乳がある若い鯨をいう。「仔鯨を伴った雌鯨」とは、乳腺に乳があり、仔鯨を伴っている雌鯨をいう。

第6条　捕鯨期間
第3項　捕鯨チームの成員は仔鯨、あるいは仔鯨を伴った雌鯨を銛打ちしてはならない。
第4項　捕鯨チームの成員は最小限の大きさ以下の鯨を銛打ち、陸揚げ、解体処理してはならない。
第5項　本条第4項にいう「最小限の大きさ」とは上顎の先から測定された長さが26フィート以下のザトウクジラをいう。

上記規定により、ベクウェイ島の鯨捕りたちは、仔鯨、仔鯨を伴った雌鯨、および体長26フィート（7.9m）以下のザトウクジラを捕殺してはならなくなった。

ベクウェイ島の鯨捕りたちは1998年から2002年までの5年間、毎年2頭ずつザトウクジラを捕殺しているが、これらは全て母仔連れに見える大小2頭の鯨であった（表4－2）。これらの捕殺に対して反捕鯨国から批判があった際には「小さな鯨の胃の中に乳はなかったので、それは仔鯨ではない」（IWC 2000a: 14-15）として批判をかわしてきたが、「体長26フィート以下のザトウクジラを捕殺してはならない」と規定した以上、この規則を遵守せよとの国際的な圧力は一層高まるであろう。「胃の中に乳が入っていない小さな鯨」を伝統的に捕殺してきたベクウェイ島の鯨捕りたちにとって厄介な規則ができてしまった。

実際のところ、ベクウェイ島の鯨捕りたちの技術からすれば、母仔連れに見える鯨を捕殺するのが最適の方法である。1875年頃の創業以来、百数十年間そうであった。手漕ぎ・帆推進の捕鯨ボートに手投げ銛、ヤス（あるいはボンブランス）という捕鯨方法では、最初に仔鯨に銛打ちし、次に母鯨を銛打ちするのが技術的に最適なのである。雄鯨は捕鯨ボートに追跡されれば、一目散に逃げていく。これに対して、母鯨は傷ついた仔鯨を守ろうとして絶対に逃走しない。その結果、最初に母鯨が仕留められ、次に仔鯨が仕留められる。捕鯨の現実を知らない者の眼には、母仔連れ鯨の捕殺はかわいそうに映るかもしれないが、それが鯨捕りにとってもザトウクジラ群にとっても最適の捕殺方法であった。

セント・ヴィンセントおよびグレナディーン諸島国政府が規則を厳格に適用するならば、ベクウェイ島の鯨捕りたちに無理を求めることになる。それは規則違反の隠蔽を生じせしめることになるかもしれない。見かけ上、規則違反を回避する最も簡単な方法は母鯨だけを捕殺し、仔鯨は逃がし、仔鯨を伴っていなかったとする方法である。母鯨を失った仔鯨は栄養（母乳）を取ることができずにやがては死ぬ運命にある。

4頭という捕殺枠を母仔連れで充足すれば、全体としてのザトウクジラ群から4頭間引くだけであるが、母鯨だけで充足すれば、結果として8頭間引くことになる。仔鯨4頭を利用せずに衰弱死させてしまうのは資源の無駄遣いである。

セント・ヴィンセントおよびグレナディーン諸島国政府がゆるやかな規則の適用、あるいは規則を運用上、非適用とするのが、ベクウェイ島の鯨捕りたちにとっては望ましいことである。しかしながら、そうすれば反捕鯨国から厳しい批判にさらされるであろう。

結局のところ、セント・ヴィンセントおよびグレナディーン諸島国政府は、『セント・ヴィンセントおよびグレナディーン諸島国先住民生存捕鯨規則2003』を制定することにより、国内的にも国際的にもトラブルの種を背負い込んでしまったのである。

捕鯨のリーダーである銛手への捕鯨許可証の発給など規則の厳格な施行は、

鯨捕りたちの間に不必要な軋轢を引き起こす恐れがある。前目（4.3.4.1.）において指摘したように、銛手としての能力、捕鯨チーム全員をまとめられる人望、それに捕鯨ボートを建造し、事業を維持管理しうる資金力のある者のみが捕鯨のリーダーになれるのである。今日までベクウェイ島の捕鯨事業は、これらの３要素を充足しうる者にのみ受け継がれてきた。それは今後も同じであろう。捕鯨許可証の有無にかかわらず、これらの３要素のうち一つでも欠ければ、捕鯨のリーダーには成りえず、事業を維持しえないのである。結局のところ、捕鯨許可証は不必要なのである。

また、体長の明示による仔鯨および母仔連れ鯨の捕殺禁止規定の厳格化などはやめたほうがよい。現在の捕鯨方法からすれば、母仔連れ鯨の捕殺が最適であり、資源の有効利用となっている。反捕鯨国の感情的反発に迎合した中途半端な管理政策は、管理できない場合、かえって強い批判を引き起こす。資源管理上は、捕殺枠（５年間で 20 頭、年間４頭）を遵守すれば事足りる。小規模地域捕鯨の管理は、可能な限り現地の鯨捕りたちに任せておくことが望ましいのである。

4.4. 捕鯨文化と観光開発

4.4.1. 植民地から観光地へ

「カリブ海」という言葉を聞いて、人は何を思い浮かべるであろうか。燦々と降りそそぐ真っ赤な太陽（sun）。どこまでも透き通った紺碧の海（sea）。果てしなく続く白砂（sand）のビーチ…。確かにこの 3s イメージは広く流布している[32)]。

一方、歴史の教科書を少しひもといてみれば、1492 年にコロンブスが新大陸を、正確にはサンサルヴァドル島を発見した。そして、その日から先住民たちの不幸の歴史が始まった。

最初に金（キン）を求めてスペイン人が侵入。金を産しないのであるならば、金（カネ）を生み出すモノを作ろうとサトウキビを導入し、植民地経営に乗り出す。先住民たちが滅びても、それにかわる労働力としてアフリカから奴隷を搬入すればよい。スペイン、イギリス、フランス、オランダ、そして遅れてアメリカがカリブ海の島々を植民地とし、人の命を、富を収奪して

写真4-11　外国人が所有するベクウェイ島のホテル（1991年）

いった。

そういう歴史の500年余り。独立国となった島もあれば、海外領土（県）のままの島もある。サトウキビも生産されているが、モノカルチャー（単一作物栽培）では経済基盤が脆弱。気候変動や市場経済の動向に左右されやすい。換金作物よりもより安定した金のなる木を…。というわけで、本項冒頭で述べた3sイメージを生かした観光開発が進められていく。

独立したとはいえ、観光に適した一等地（例えば、ビーチに面した土地、極端な場合は島ごと）は外国資本に買い占められ、西洋人観光客を対象とした開発が進められていく（写真4-11）。現地の人たち、地元社会は常に疎外されている。西洋人観光客が落とした金はもちろん国外に還流される仕組みとなっている。形は変わっても搾取の構造は変わらない。外部からヒトが来て、モノ（すなわち、金）を持っていく。この繰り返しである。

そのような厳しい状況にあって、本章で考察してきたベクウェイ島では少し様相が異なっている。島の伝統である捕鯨と外貨をもたらす観光とをなんとか折り合いをつけようと苦心している。平均的な西洋人の眼からすれば捕鯨などは言語道断であるかもしれないが、その言語道断なものを存続させながら、西洋人観光客を誘致しようとしているのである。

以下、捕鯨と観光を題材にしてカリブ海の一小島、ベクウェイ島のありさまを提示し、それを筆者なりに読み解いていきたい。

写真4-12　ベクウェイ空港ターミナルビル（1993年）

4.4.2. ベクウェイ島における捕鯨と観光の関係

1992年5月、ベクウェイ島の捕鯨海域に面したサンゴ礁の海岸線を埋め立ててベクウェイ空港が完成した（写真4-12）。その結果、ベクウェイ島は北アメリカ大陸から1日の旅行圏となり、新たなる観光時代の幕開けとなった。

この空港は、滑走路の全長3600フィート（1097m）、総工費5600万ドル（75億6000万円、1ドル＝135円当時）であり、そのうちの5400万ドル（72億9000万円）をヨーロッパ共同体からの援助によっている[33)]。

ベクウェイ島へは北アメリカ主要都市からバルバドス経由が一般的な経路であり、ニューヨーク⇔バルバドス間はジェット機で約5時間、バルバドス⇔ベクウェイ島間は小型プロペラ機で約40分の飛行である。

1950年代半ば以降のカリブ海地域における観光業の進展に応じて、セント・ヴィンセントおよびグレナディーン諸島国政府（当時はイギリス領西インド連邦内の自治国）は外国からの投資を誘引するために各種の優遇策を打ち出した。その中の一つがホテル建設者への諸税の減免を定めた『ホテル助成令』（*Hotel Aids Ordinance*）であり、この優遇策ほかに基づいて、1958～1962年の間に、ムスティック島、プティ・セント・ヴィンセント島が島ごと売却、パーム島が島ごと長期賃貸契約され、ベクウェイ島、ユニオン島、カヌアン島でも官有地、民有地の売却、賃貸が進んだ（Price, N. 1988: 207）。

ムスティック島は島全体を法人が所有し、高級リゾート地として開発されている。イギリスのマーガレット王女やミック・ジャガー、デヴィッド・ボウイなどの著名人が別荘を保有していることでも有名である（Doyle 1996: 208）。グレナディーン諸島の高級リゾート地としての開発は、独立後も一貫したセント・ヴィンセントおよびグレナディーン諸島国政府の政策である。

一方、1988年に制定された『ホテル助成法』（*Hotels Aid Act*）によれば、ホテルの定義は以下のとおりである。(1)単一の経営管理下にある。(2) 5室以上の寝室があり、食事供給設備とスタッフ・サービスがあるか、自炊設備がある。(3)附属庭地がある（同法第2条）。これらの3条件に合致していれば、ホテルの新築、増改築に際して、所得税、関税、消費税の免除などの優遇措置を受けられる（同法第4条、第5条、第6条）。この法律から、国家目的として小規模観光開発をめざしていることを読み取ることができる。

セント・ヴィンセントおよびグレナディーン諸島国の『観光統計』[34]によれば、1994年の同国への訪問者は16万4631人。そのうち、日帰り客、ヨットおよびクルージング客船による来訪者を除いた宿泊者は5万4982人であった。その国籍別内訳は、アメリカ人1万5102人（27.5%）、イギリス人8560人（15.6%）、カナダ人4455人（8.1%）などであり、北アメリカおよびヨーロッパからの宿泊者が全体の65.8%を占めている（表4-3）。

ベクウェイ島においては、捕鯨期間（2月上旬から5月上旬まで）と観光シーズン（12月下旬のクリスマスから4月のイースターまで）が重なり合っており、また捕鯨海域がクルージング海域と交錯している。1990年代半ば頃までは、規模の小ささ（捕鯨ボート1～2隻、捕鯨従事者十数名、年間捕殺数1～2頭）および鯨体処理施設の隔絶（ベクウェイ島の南1kmに位置する無人のプティ・ネイヴィス島に立地）のため、捕鯨と観光が対立する状況は生じていなかったが、インターネット時代の到来と共に、対立の兆しが現れてきた。

1999年3月6日、ベクウェイ島において母仔連れに見える大小2頭のザトウクジラが捕殺された。捕殺海域は高級リゾート地であるムスティック島に近く、ヨット遊びを楽しんでいた観光客により捕殺場面がビデオ撮影され、インターネット上にその映像が公開された[35]。そして直接現場を見た何人かの観光客やインターネット上の映像を見た人々から、ベクウェイ島の観光関

表4－3　セント・ヴィンセントおよびグレナディーン諸島国
宿泊訪問者国籍別一覧―1994年―

地域／国	人数（人）	構成比（%）
北アメリカ地域	19,557	35.6
アメリカ	15,102	27.5
カナダ	4,455	8.1
ヨーロッパ地域	16,593	30.2
イギリス	8,560	15.6
フランス	2,758	5.0
ドイツ	2,316	4.2
その他	2,959	5.4
カリブ海地域	17,884	32.5
バルバドス	5,479	10.0
トリニダード・トバゴ	3,769	6.8
セントルシア	1,984	3.6
その他	6,652	12.1
その他地域	948	1.7
合計	54,982	100

（出典：SVG Department of Tourism, n.d.: 6 Table V; 11 Table Vc）

係者に抗議がなされた[36]。

届いた抗議の中には、ベクウェイ島、あるいはセント・ヴィンセントおよびグレナディーン諸島国への「観光ボイコット」を示唆するものもあったが[37]、個人的なレベル（捕鯨が存在する限り、自分はベクウェイ島、セント・ヴィンセントおよびグレナディーン諸島国へは行かない）にとどまっており、そう大きな声にはなっていなかった。

ベクウェイ島の観光関係者によると、ベクウェイ島に寄せられる観光客からの苦情は、多いものから順に、(1)盗み／嫌がらせ、(2)ゴミ／環境汚染、(3)物価高／不満足なサーヴィスであり、捕鯨への苦情はそれほど多くはない[38]。

しかしながら、捕鯨をめぐる諸々の事象は、いつ燃え上がるとも限らない火種の一つであり、十分な注意が必要である。

4.4.3. 捕鯨と観光へのまなざし

4.4.3.1. 鯨捕りのまなざし

ベクウェイ島の鯨捕りたちは、観光開発、観光客をどう見ているのであろうか。捕鯨関係者全員というわけではないが、世界情勢は遅れることなく、彼らにも確実に伝わっている。例えば、銛手O.O.は家にパラボラ・アンテナを立て、暇な時は衛星放送を受信し、隣国バルバドスにおいて放映されているクリケットの試合を見ているという具合である。また、老銛手アスニール・オリヴィエールは1999年5月、隣国グレナダで開催された第51回国際捕鯨委員会年次会議にセント・ヴィンセントおよびグレナディーン諸島国政府代表団の一員として参加、捕鯨をめぐる複雑な国際関係を目の当たりにしてきた。

その老銛手アスニール・オリヴィエール（各種雑誌・論文などでは実名で紹介され、現地では彼の顔写真入り絵葉書も販売されている）の家には、捕鯨に反対する人々からの手紙（嫌がらせの手紙）も届いていた。

彼は自分の家に捕鯨関連道具（銛、ヤス、ショルダーガンなど）や写真を展示し、訪問者に公開、自らが捕鯨の語り部としてベクウェイ島の捕鯨の姿を知らせる努力を重ねていた。多少なりとも捕鯨に関心を持つ観光客に自らが語りかけ、捕鯨の理解者を増やそうとする地道な活動を続けていた。個人的には捕鯨反対の観光客であっても、老銛手の真摯な姿に接すれば、露骨に反発する人はほとんどいなかった。観光客を潜在的な捕鯨理解者とみなすことにより、観光（客）を捕鯨（の存続）に役立てようとしていた。これが老銛手の観光（客）を見るまなざしであった。

では、銛手O.O.は観光開発をどう見ているのであろうか。彼の兄3人がタクシー業を営んでいることもあって（それぞれが個人経営）、観光シーズン中に捕鯨が終了すれば、彼も長兄のタクシーを運転することがある。観光客相手の場合、タクシーは基本的には時間制のチャーターとなる。料金は1時間40ECドル（1800円）である（1994年当時）。例えば、クルージング客船が入港した時などが稼ぎ時となる。観光シーズン中は、観光を金を稼ぐ機会と捉え、積極的に観光を利用している。そして、その稼いだ金により捕鯨の維持管理経費を賄っている。観光で稼げたからこそ、自ら捕鯨ボートを建造し（捕鯨ボート建造費約3万ECドル（135万円））、銛手として独立しえたのであった。

ベクウェイ島の捕鯨においては銛手が捕鯨ボートの所有者であり、漁期中は捕鯨ボートおよび捕鯨道具の維持管理を担っている。捕殺に成功すれば、もちろん所有者兼銛手の取り分は多いが、鯨が捕れなければ全て持ち出しとなる。捕鯨事業を維持するためにも、観光で稼ぐ必要がある。これが銛手O.O.の観光（客）を見るまなざしである。

4.4.3.2. 観光客のまなざし

では、観光客はベクウェイ島の捕鯨、観光をどう見ているのであろうか。

近年、ホエール・ウォッチングを売り物にする観光地は多いが[39]、ホエーリング・ウォッチングを売り物にしている観光地は皆無に等しい。唯一、例外と言えるのが、マッコウクジラ捕鯨を行っているインドネシアのレンバタ島である。ここでは銛手が捕鯨ボートの舳先から、銛を持って鯨めがけて飛び込んでいくという豪快な捕鯨が行われており、イギリスのITV、日本のNHKや関西テレビが取材し、放映している[40]。このレンバタ島の捕鯨では、お金を取って捕鯨ボートに観光客を乗せ、捕殺現場を見せているようである(江上・小島1995: 31参照)。

ベクウェイ島に捕鯨を見るためにやってくる観光客は、まずいない。たとえ、見たくてもそう簡単に見られるものではない。年間捕殺枠は小さく(1993年までは3頭、1994～2002年は2頭、2003年以降は4頭)、しかも毎年捕殺されるわけでもない。例えば、1994年から1997年までの4年間は捕殺ゼロであった。筆者は1993年に現地でアメリカ人のドキュメンタリー映画製作者と知り合ったのであるが、彼は1989年からベクウェイ島に通い始め、4年目の1992年、ようやく捕鯨シーンを撮影できたと語っていた[41]。

運の良い（悪い）観光客だけが、捕鯨シーンを目撃できる。運の良い（悪い）観光客はそれぞれの反応を示し、時には撮影されたビデオがインターネット上に公開され、ベクウェイ島についての悪いイメージを作り出す。それはベクウェイ島の観光にとってはマイナスとなるかもしれないが、今のところは一過性のものである。

上述した「観光ボイコット」(4.4.2.参照)、これは観光客ではなく、特定団体が煽動するものである。ベクウェイ島だけが対象となったわけではないが、1994 年に反捕鯨団体が、セント・ヴィンセントおよびグレナディーン諸島国を含むカリブ海諸国 4 か国に対して「観光ボイコット」キャンペーンを行っている。

第 46 回国際捕鯨委員会年次会議を間近に控えた 1994 年 2 月、カナダに本拠地を置く反捕鯨団体「国際野生生物連合」(International Wildlife Coalition、その略称「IWC」は、国際捕鯨委員会（International Whaling Commission）の略称「IWC」と同じである）は、国際捕鯨委員会において日本の捕鯨政策を支持しているカリブ海諸国 4 か国（ドミニカ連邦、グレナダ、セントルシア、セント・ヴィンセントおよびグレナディーン諸島国）に対して「観光ボイコット」を決定（Wilson 1996: 84)、同趣旨の文書を北アメリカの旅行代理店に配布した（筆者はその内容を 1994 年 5 月、ベクウェイ島のホテルで確認した)。

観光シーズン前にホテルに大量の宿泊予約を入れ、観光シーズン直前にキャンセルする（島 1996: 30)。これが反捕鯨団体の観光ボイコット戦術である。その観光ボイコット、効果はほとんどなかった。1999 年の第 51 回年次会議開催時点で、国際捕鯨委員会において日本の捕鯨政策を支持するカリブ海諸国は 6 か国となっていた。1994 年と比べて 2 か国（アンティグア・バーブーダ、セントキッツ・ネイヴィス）の増加である。カリブ海諸国はいずれの国も大なり小なり観光業に依存しており、観光ボイコットが各国に大打撃を与えていたならば、日本の捕鯨政策を支持する国が増えるはずはないからである。

「観光ボイコット」を煽動する反捕鯨団体のまなざし、所詮は歪んでいたのであった。

4.4.3.3. 開発者のまなざし

カリブ海諸国は、1970年代半ば以降、1980年代初めまでに独立した国々が多い。人口10万程度の小規模島嶼国の国づくりは、良きにつけ悪しきにつけ指導者の個性、力量にかかっている。

指導者の個性が強すぎれば（あるいは政策が極端であれば）、外部からの反発を招く。1983年10月、レーガン政権下のアメリカは6000人の兵力を用いてセント・ヴィンセントおよびグレナディーン諸島国の隣国グレナダを軍事侵略、兵力250人のグレナダはひとたまりもなかった（Ferguson 1990: ix）。当時、社会主義政権下にあったグレナダはキューバの援助により国際空港の拡張工事を実施しており、それがアメリカの眼には近隣諸国へのキューバの社会主義輸出の橋頭堡と映ったためであった（加茂 1996: 207）。

「カリブ海は裏庭」。これがアメリカのカリブ海諸国を見るまなざしである。それだからこそ、1823年から1983年までの160年間に、アメリカはカリブ海諸国に135回も軍事干渉を行っているのである（横山 1988: 17）。グレナダの後も、1989年のパナマ、1994年のハイチと、アメリカのカリブ海地域への軍事侵略は続く。

セント・ヴィンセントおよびグレナディーン諸島国も、首相の強い指導力の下で国づくりが進められてきた。元首相のジェイムズ・ミッチェルは1984年に政権を握って以降、2000年末までその地位にあった。

その元首相は捕鯨をどう見ているのであろうか。ベクウェイ島における捕鯨事業の創始者の玄孫としてベクウェイ島に生まれ（Mitchell 2006: photo 2, 3, 6; Ward 1995: back cover）、幼い時から捕鯨を目の当たりにして育ち、ベクウェイ島を含む選挙区選出の議員であったミッチェル元首相は、セント・ヴィンセントおよびグレナディーン諸島国で最も捕鯨文化の意義を理解している政治家である。元首相の捕鯨への思いやりを示す象徴的な事例を一つ取り上げよう。

上述のように（4.4.2.参照）、1992年にサンゴ礁の海岸線が埋め立てられてベクウェイ空港が建設され、その空港の隣接地には白砂の人工ビーチが造成された。ミッチェル元首相は、そのビーチをベクウェイ島の偉大なる銛手アスニール・オリヴィエール（銛手として過去40年近く捕鯨を引っ張ってきた人物）にちなんで「アスニール・ビーチ」と命名した。

この命名に、捕鯨の島としての文化的アイデンティティと経済発展を誘引する観光とを何とか調和させようする元首相の努力を読み取ることができるのである。島の伝統文化である捕鯨と外貨をもたらす観光業の並存。元首相はこの微妙で困難なテーマを追求してきたのであった。

では、観光開発についての元首相の立場はどうなのか。ミッチェル元首相の演説集が2冊、アメリカにおいて出版されており（Mitchell 1989; 1996）、それを読めば彼の政策の概要を把握することができる。観光開発についても演説集の中において言及されている。首相に就任する前、観光大臣当時（1980年）の演説には「私たちはマネージャーが宿泊客の全てを知りうる小さなホテルを得意としており、その雰囲気はあくまでもローカルである。私たちは優れた食べ物、自家産の新鮮な材料を用いた料理、ホテルの清潔さに力点を置いている」（Mitchell 1989: 179）とある。

実は元首相自身、ホテルの所有者でもある。1967年にベクウェイ島の生家を改造してホテルを開業している（Mitchell 2006: 92）。首相在任当時から政界引退後においても、海辺に面したホテルのレストランで地元住民と歓談している彼の姿を、筆者は何度も目撃したことがある。

そのホテルでは、ディナー用の魚はその日に捕れた新鮮なものを地元の契約漁民もしくは魚市場から、鶏肉はベクウェイ島内の飼育農家から、野菜・果物はセント・ヴィンセント島から仕入れて地元密着を心がけ、国外への経済的漏出を最小限にする努力がなされている。

元首相は個人的経験からも、地域の特性を生かした小規模開発を望ましい観光開発のありかたと考えているようである。しかしながら、この小規模開発は、低価格、あるいは大衆をめざしているわけではない。小規模で大衆相手の観光開発ならば、外貨は稼げない。

従来、セント・ヴィンセントおよびグレナディーン諸島国は、旧宗主国イギリスへのバナナ輸出により外貨を稼いできた。しかしながら、そのバナナ輸出にかかる特恵国待遇は2002年までとなっている[42)]。ヨーロッパ連合内においてバナナ輸入の自由化がなされたならば、バナナ輸出に外貨獲得を頼っているカリブ海諸国は大きな影響を受ける。なぜならば、ラテンアメリ

表4-4　セント・ヴィンセントおよびグレナディーン諸島国
バナナ産業・観光産業統計―1990～1993年―

	1990年	1991年	1992年	1993年
バナナ輸出高（トン）	79,562	64,235	76,085	64,610
バナナ輸出額（万USドル）	4,240	3,550	3,660	2,570
訪問者数（人）	130,009	142,635	155,235	163,112
宿泊者数（人）	53,913	51,629	53,316	56,558
観光収入（万USドル）	2,680	2,740	2,880	3,050

（出典：IMF 1995: 57）

カ諸国において大量の農園労働者を低賃金で雇い、大規模バナナ農園を経営しているドール、チキータ、デルモンテなどのアメリカ系生鮮果実・食料品多国籍企業が産するバナナと、小規模自作農が産するカリブ海諸国のバナナでは、はじめから価格競争にはならないからである[43)]。

バナナ輸出の将来が不透明である以上、バナナと並ぶ外貨の稼ぎ手になりつつある観光に開発の力点が移されるのは当然である（表4-4）[44)]。その観光開発、しかも小規模開発により外貨を稼ぐためには高級化路線しかない。もともと、ムスティック島、パーム島、プティ・セント・ヴィンセント島などのグレナディーン諸島のほとんどでは、世俗から隔絶された高級リゾート地を売り物にしてきた。最近では、生態系に配慮した観光開発が求められており、ミッチェル元首相のまなざしもその方向に向けられていた。

1999年に地元の月刊紙に以下のようなミッチェル元首相の見解が表明されていた。「島嶼国の壊れやすい生態系は、訪問者の高負担により最良に利用できる。こういうわけで、セント・ヴィンセントおよびグレナディーン諸島国はマス・ツーリズムではなく、よりよい社会的な負担金を産出する高級なツーリズム市場を追求しているのである」[45)]。要するに生態系の保護（環境保護）に受益者負担を求めているのである。西洋からセント・ヴィンセントおよびグレナディーン諸島国の自然を求めてやってくる観光客には、自然環境を西洋人が求める姿に保つために、それ相当の費用を払ってもらおうという考え方である。当然、対象とする西洋人は、余分な費用を支払える人となる。

但し、西洋からの観光客が環境保護費を含めて高価格を支払ったとしても、それがセント・ヴィンセントおよびグレナディーン諸島国の環境保護に使われるかどうかはまた別問題である。カヌアン島でのゴルフ場開発に際して、ミッチェル元首相は「カリブ海地域において他に例のないような徹底した環境影響評価を実施した」[46]と語っている。それはそれでよい。しかしながら、現実には1999年にムスティック島に立地するリゾート施設による不燃ゴミの海上不法投棄事件が起こっている[47]。小規模といえども観光開発と環境保護の両立はなかなか難しいのが実情である。

4.4.4. ベクウェイ島におけるエコツーリズム

最後に、ベクウェイ島におけるエコツーリズムの可能性について少し探ってみる。筆者が歩き見た範囲では、ベクウェイ島には特筆すべき自然環境はなく、従来どおりの3s(sun, sea, sand)、あるいは4番目のs(sports)、これに加えて隔絶された高級リゾート地としてのs(seclusion) しか観光客に提供できるものはない。エコツーリズムを標榜しても恐らく観光客はやってこないであろう。

セント・ヴィンセントおよびグレナディーン諸島国の主要島、セント・ヴィンセント島の場合は、島が広い（国土総面積の89%）ということもあり、火山、熱帯雨林、滝、天井川などの自然環境に恵まれており、また熱帯雨林には世界唯一種のオウム（同国の国鳥）が生息していることもあって、これらを対象とした「エコツアー」も実施されている。しかしながら、筆者自身の参加経験からすれば、これらのエコツアーにそれほど魅力はなかった。

では、ホエール（ドルフィン）・ウォッチングはどうか。ホエール・ウォッチング自体が環境保護の名を借りた捕鯨潰しであることは明白であり[48]、現実に捕鯨が行われている地域にホエール・ウォッチングを導入することは、生業破壊以外の何物でもない[49]。

ベクウェイ島においては1875年頃よりザトウクジラ捕鯨が、セント・ヴィンセント島では1910年頃よりコビレゴンドウ捕鯨が行われており(Price, W. 1985: 415)、21世紀においてもそれらが継続されていること自体、捕鯨が環境にやさしい生物資源の持続的利用であることを物語っている。環境にやさしい生業としての捕鯨が存在する地域とホエール・ウォッチングは相容れないものなのである（その相容れないホエール・ウォッチングをベクウェイ島に導入しようとする動きが2012年から始まった。そのことについては次節4.5.において取り上げる）。

結局のところ、地域の実情に合った（観光）開発をめざしていくべきなのである。ベクウェイ島の場合、例えば、上述した元首相が所有するホテルにおいては（4.4.3.3.参照）、バス、トイレの排水は浄化槽処理して海に排出。調理場、洗濯場の生活排水は濾過して海に排出。洗剤は富栄養化をもたらさないものを使用。ゴミは毎日、埋め立て場に搬出、という具合に環境保護を心がけている。この自然環境に過度の負担をかけないという環境への配慮は、エコツーリズムと通底するところでもある。

筆者としては、ベクウェイ島においては、あえて「エコツーリズム」を標榜するまでもなく、「捕鯨と並存した環境にやさしい小規模観光」で十分であると考えている。これはまた筆者のカリブ海地域の観光開発を見るまなざしでもある。

4.5. ホエール・ウォッチング
—小さな捕鯨の島ベクウェイ島の厄介な問題—

2014年2月のある日、セント・ヴィンセントおよびグレナディーン諸島国ベクウェイ島において、1996年以降2013年までの18年間、自らの捕鯨チームを率いてきた銛手O.O.は、2年前から捕鯨をホエール・ウォッチングに転換する運動を始めた団体「セント・ヴィンセントおよびグレナディーン諸島国ナショナル・トラスト」(St. Vincent and the Grenadines National Trust)[50]（以下、「SVGNT」と表記）に捕鯨ボートを売却、捕鯨業から引退した。

過去18年間にザトウクジラ11頭を捕殺し、現存する銛手では最大の捕殺数を誇る人物の決断は、捕鯨の伝統を持つ地域に少なからぬ波紋を引き起こした。1991年以降、ベクウェイ島の捕鯨について彼から多くを学び、また彼と共に捕鯨の航海に出かけた経験のある筆者にとってもこの事態は予期しておらず、驚きであった。

以下、本節においては、ベクウェイ島の捕鯨における中核人物であったこの銛手の転身を取り巻く諸状況について報告、考察する。

4.5.1. ホエール・ウォッチングへの道

ベクウェイ島のザトウクジラ捕鯨は、1875年頃にアメリカ帆船式捕鯨から捕鯨技術を習得したベクウェイ島民によって創始された（Adams 1994: 66)。このザトウクジラ捕鯨は、1987年に開催された第39回国際捕鯨委員会年次会議において「先住民生存捕鯨」として承認され、3年間の年間捕殺枠3頭が付与された（IWC 1988: 21, 31)。それ以降、ベクウェイ島のザトウクジラ捕鯨については、捕殺枠の更新時ごとに捕殺対象や捕鯨方法をめぐって国際捕鯨委員会において議論が繰り返されてきた（3.2.-13.参照)。最新の捕殺枠は、2012年7月に開催された第64回年次会議において承認された「2013年から2018年までの漁期中に24頭を超えてはならない」（IWC 2013a: 21; 2013b: 152）である。

ところが、その第64回年次会議の場で、SVGNTの理事長を務める人物が、他団体「環境認識のための東カリブ海地域連合」を代表して、次のような見解を表明した。すなわち、ベクウェイ島のザトウクジラ捕鯨は、アメリカ帆船式捕鯨から技術を学んで創業された捕鯨であり、現在ではヨーロッパ系とアフリカ系の血を引く人々によって実施されている。それゆえ、先住民生存捕鯨ではなく、その捕殺枠は取り消されるべきである[51]（IWC 2013a: 20-21)。SVGNT理事長はベクウェイ島出身で、セント・ヴィンセントおよびグレナディーン諸島国元首相の次女、加えて法律事務所を主宰する弁護士である。そのプレゼンテーションにはそれなりのインパクトがあった。

ちなみにSVGNT理事長の父、元首相が首相在職時の1987年に、セント・ヴィンセントおよびグレナディーン諸島国は、ベクウェイ島のザトウクジラ捕鯨について、国際捕鯨委員会に先住民生存捕鯨としての捕殺枠を要求し、承認されたのであった。また、元首相はベクウェイ島における捕鯨事業創始者の玄孫にあたる（see Mitchell 2006: photo 2, 3, 6; Ward 1995: back cover)。ということは、SVGNT理事長は創業5世代目になる。そういう人物の突然の宗旨替えであった。

SVGNT理事長によれば、彼女が小学生の頃、ザトウクジラが捕殺された時には小学校も休みとなり、彼女もプティ・ネイヴィス島にあった鯨体処理施設に解体見物に出かけ、祝祭を楽しんだ。当時、捕鯨は島全体の文化であった。ところが、鯨体処理施設が2003年にプティ・ネイヴィス島からセンプル・ケイに移設されて以降（4.2.7.参照）、立地場所の狭小さのため、多くの人々が解体見物に出かけることが困難となり、捕鯨は関係者だけの事業となった。捕鯨が島全体の文化でなくなった以上、彼女なりに捕鯨中止を求めてもよい理由が存するのである。

第64回年次会議以降、そのSVGNT理事長は、ベクウェイ島での捕鯨のホエール・ウォッチングへの転換をめざして早速運動を活発化させていく。

2012年11月、SVGNTはベクウェイ島で捕鯨が実施されている2地区のうちの一つ、PF地区のコミュニティ・センターにおいて、地元住民を対象としてホエール・ウォッチングに関する意見交換会を開催した（現地で聞いた話では、この意見交換会における地元住民の反応はSVGNT理事長にとって芳しいものではなかった。総スカンであったと語る人物もいた）。

2013年3月、SVGNTは、ベクウェイ島の元鯨捕りG.B.（A.H.が捕鯨ボート所有者兼銛手である捕鯨チームの一員であった）を含むベクウェイ島の住民4人と農水省の役人1人[52)]を、ホエール・ウォッチングを体験させるためにドミニカ共和国へ派遣した。この派遣費用はSVGNTが負担した（この費用負担については、2014年3月に面談したSVGNT理事長本人から確認した）[53)]。G.B.によれば同国では、3回、ホエール・ウォッチングを体験したほか、ホエール・ウォッチング事業関係者とも面談し、関連情報を収集した。

そして、2013年5月、SVGNTは、3月にドミニカ共和国へ派遣したG.B.と農水省の役人に加えて当時は現役の捕鯨ボート所有者兼銛手であったO.O.の3人を、オーストラリア、ブリズベーンにおいて国際捕鯨委員会により主催されたホエール・ウォッチング事業者向けのワークショップ[54)]への参加を斡旋した。O.O.およびG.B.に確認したところ、2人とも旅費は一切負担しておらず、旅費については「国際捕鯨委員会が負担した」（O.O.）、

「オーストラリア政府か、アメリカ合衆国政府が負担したと思う」(G.B.) との答えであった。本件旅費負担についてSVGNT理事長に尋ねたところ、「旅費は国際捕鯨委員会が負担した」との回答であった。

後日、国際捕鯨委員会の下部組織である科学委員会の報告書を読んだところ、このワークショップは「オーストラリア政府およびアメリカ合衆国政府から資金提供を受け、開催された」(IWC 2014a: 54) との記載があった。G.B. の理解が真実に近いのであろう。

本件オーストラリア訪問についてO.O. は「ワークショップに銛手として参加するのはまずいので、漁師兼大工として自己紹介しておいた。彼の地ではショッピングを楽しんできた」と、自らの決断へのワークショップの影響はなかった旨を筆者に語ってくれた (実際、悪天候のため、現地において予定されていたホエール・ウォッチングは全て中止となった)。この発言から、オーストラリア訪問当時、O.O. は捕鯨業の継続に十分意欲を持っていたとみなしうるが、あるいはホエール・ウォッチング事業について何らかのインスピレーションを得てきたのかもしれない。このオーストラリア訪問がO.O. の捕鯨業からの引退に何らかの影響を与えたとするならば、SVGNT理事長の作戦勝ちである。

4.5.2. ベクウェイ島の捕鯨の現状と銛手 O.O. の決断

O.O. がSVGNTに売却した捕鯨ボート「レスキュー」(写真4-13) は、1995年にO.O. と当時健在であった彼の父の2人が建造を始めたものである。翌1996年からO.O. はこの「レスキュー」に乗り捕鯨事業に参画、1998年にザトウクジラ2頭の捕殺に成功し、1994年から1997年までの4年間捕殺ゼロに終わり、絶滅の危機に瀕していたベクウェイ島のザトウクジラ捕鯨を文字どおり救出 (rescue) した。「レスキュー」は、このような伝統ある捕鯨ボートであった (4.1.2.参照)。

2012年8月に筆者がO.O. に会った際には、彼はベクウェイ島において捕鯨のホエール・ウォッチングへの転換運動を開始したばかりのSVGNTおよびその理事長について批判的に語っていた。それから1年半余りの間に彼に何が起こったのであろうか。

写真4-13　捕鯨ボート「レスキュー」(2005年)

2014年3月にベクウェイ島を訪問した筆者はO.O.に、なぜ捕鯨ボートをSVGNTに売却し、捕鯨業から引退したのかを尋ねた。彼が説明した理由の一つは、ベクウェイ島の捕鯨に団結・統制がなくなったことであった。直接的には、2013年漁期におけるO.O.の捕鯨チームとA.H.の捕鯨チームとの諍いである。O.O.が2013年4月13日に同年漁期最後のザトウクジラ1頭を銛打ちし、仕留めた時、O.O.の捕鯨ボートが銛打ち態勢に入っていたにもかかわらず、K.S.が交替銛手を務めるA.H.の捕鯨ボートがかなり接近してきた。セント・ヴィンセントおよびグレナディーン諸島国の捕鯨規則によれば、この状況下ではO.O.の捕鯨ボートに銛打ちの優先権がある[55]。この規則を無視して、A.H.の捕鯨ボートが銛打ちの態勢に入りかけたことにO.O.は立腹していた。この海上での出来事をたまたま陸上から写真に収めた人物がおり（写真4-14）[56]、その写真を入手したO.O.はA.H.に写真を見せて抗議、その結果、2014年漁期からK.S.は、A.H.の捕鯨チームから独立することになったのである。

結果として、2013年漁期は両チームが2頭ずつザトウクジラを仕留めた形となっているが、A.H.の捕鯨チームはA.H.が銛手として捕鯨ボートに乗船していない時に交替銛手のK.S.が2頭を仕留めている。O.O.によれば、A.H.の捕鯨チームには銛手が2人いるので、他の乗組員は誰の命令を聞くべきかに関して混乱をきたしている。それが上述のような規則無視が起こる

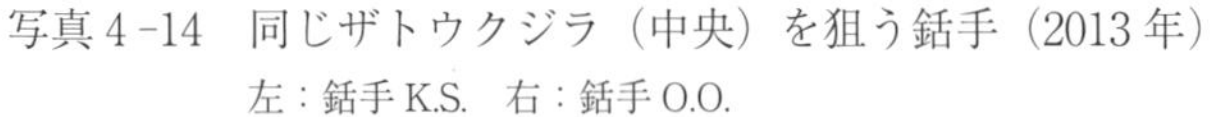
写真4-14　同じザトウクジラ（中央）を狙う銛手（2013年）
左：銛手K.S.　右：銛手O.O.

ことの原因の一つであるとのことであった。この3人の銛手O.O., A.H., K.S.をめぐる複雑な関係を理解するには、ベクウェイ島の捕鯨の歴史を少し遡ってみる必要がある。

1960年代初頭からベクウェイ島の捕鯨は、銛手アスニール・オリヴィエール（1921-2000年）によって率いられてきた。彼は2000年に79歳で死去する直前まで捕鯨ボートに乗り続け、後継者の育成に努めてきた。O.O.（1955年生まれ）、A.H.（1950年生まれ）、K.S.（1958年生まれ）の3人もアスニールから捕鯨の手ほどきを受けている。

O.O.は1991年、アスニールの捕鯨ボート「ホワイ・アスク」のタブ・オールズマン、1992-95年はボウ・オールズマンを務め、1996年に自らの捕鯨ボート「レスキュー」の銛手として独立を果たしている。A.H.は1996-97年、「ホワイ・アスク」のキャプテン、1998年はボウ・オールズマンを務め、2000年に漁船を改装した自らの捕鯨ボート「パーシヴィアランス」（写真4-15）の銛手として独立した。一方、K.S.は1996-97年、O.O.の捕鯨ボート「レスキュー」のボウ・オールズマン、1998年には「ホワイ・アスク」の交替銛手を務め、近年はA.H.の捕鯨ボート「パーシヴィアランス」の交替銛手を務めていた。そして2014年に自らの捕鯨ボート「パーシキューション」（*Persecution*）（写真4-16）の銛手として独立したのであっ

写真４-15　捕鯨ボート「パーシヴィアランス」（2014年）

写真４-16　捕鯨ボート「パーシキューション」（2014年）

た。

1997年３月22日に筆者がO.O.の捕鯨ボートに乗り、捕鯨航海に同行した際、その日はたまたまK.S.はカゼで出漁できず、A.H.が代わりにボウ・オールズマンを務めていた（同日、「ホワイ・アスク」は出漁せず）。翌1998年にO.O.に会った際、O.O.は筆者に「K.S.と諍いがあったため、今後は自らの捕鯨ボートにK.S.を乗せない」と語っていた（O.O.とK.S.との確執は、昨日今日に始まったものではないのである）。同年、アスニールはA.H.を「ホワイ・アスク」の交替銛手に推したが、他のクルーがK.S.を推し、結局K.S.が交替銛手を務めたという経緯もある。アスニールの下で３人は鯨捕りとして力をつけ、時には反目しながら銛手としての腕を磨いていったのであった。

アスニールの健在時、彼は偉大なる銛手としてベクウェイ島全体のヒーローであり、彼の下でベクウェイ島の鯨捕りたちには団結・統制があった。アスニール亡き後も2003年から2010年漁期までは、O.O.の捕鯨チームとA.H.の捕鯨チームは共同事業を営んでいた。すなわち、どちらの捕鯨チームがザトウクジラを捕殺しても対等にシェアーを分配するという形がとられていた。ところが、2011年漁期から両チームは別個に事業を営むように

表4－5　銛手別ザトウクジラ捕殺数一覧―1991～2014年―

年	1991	1992	1993	1994	1995	1996	1997	1998	1999	2000	2001
O.O.	－	－	－	－	－	－	－	2	1	1	－
A.H.	－	－	－	－	－	－	－	－	－	－	2
K.S.	－	－	－	－	－	－	－	－	－	－	－
Athneal Ollivierre	－	1	2	－	－	－	－	－	1	－	－
B.C.	－	－	－	－	－	－	－	－	－	1	－

なった。両チームの関係は、協力・協調から鯨をめぐっての競合・競争と変わったのである。

では、なぜ、競合・競争へと変わったのであろうか。O.O. は2000-10年漁期にザトウクジラを6頭捕殺し、A.H. は同漁期に7頭捕殺している（表4－5）。近年、2人の銛手は大体同程度の力量を持つようになった。O.O. はベクウェイ島のLP地区に住み、A.H. はPF地区に住んでいる。O.O. が捕殺に成功すれば、彼はLP地区のヒーローであり、A.H. が捕殺に成功した時には、彼がPF地区のヒーローとなる。隣接する狭い2地区に2人のヒーローは共存しにくい。両雄、相並び立たずである。ヒーローの活躍を求める地元の声が2人に対する無言の圧力となったことは想像に難くない。それだからこそ、A.H. は自分が出漁しない時には自らの捕鯨ボートに交替銛手のK.S. を乗せ始めたのである。

O.O. にとって、2013年漁期はA.H. の捕鯨チームと鯨をめぐって競合し、2014年漁期からは新たにK.S. の捕鯨チームも加わり、鯨をめぐる競争は一層厳しくなる。鯨捕り間に団結・統制がなくなり、捕鯨に負担（疲労）を感じ始めたO.O. に、SVGNT理事長がそれなりの金額を提示して捕鯨ボートの買収を申し入れたのは[57]、彼にとって渡りに船だったのかもしれない。2009年漁期から三男（1987年生まれ）を後継者とすべく、時に代替乗組員として捕鯨に同行させていたO.O. であったが、その三男の反対にもかかわらず、捕鯨ボートを売却したのであった。

2002	2003	2004	2005	2006	2007	2008	2009	2010	2011	2012	2013	2014	(計)
2	-	-	1	-	-	-	1	1	-	-	2	-	11
-	1	-	-	1	1	1	-	1	-	1	-	-	8
-	-	-	-	-	-	-	-	1	1	-	2	-	4
-	-	-	-	-	-	-	-	-	-	-	-	-	4
-	-	-	-	-	-	-	-	-	-	-	-	-	1

（出典：筆者の調査）

4.5.3. ベクウェイ島の捕鯨の将来

目下のところ、ベクウェイ島の捕鯨をホエール・ウォッチングに転換するというSVGNTの計画は着々と進んでいる。特にO.O.の捕鯨ボート「レスキュー」を購入できたことは大きな成果であった。SVGNT理事長はこの「レスキュー」を過去の遺物とすべく、2013年に開設された「ベクウェイ島ボート博物館」(Bequia Boat Museum)（写真4-17）に同ボートの寄付を申し出ている[58]。これでベクウェイ島において捕鯨が実施されていた2地区（PF地区、LP地区）のうち、LP地区には捕鯨ボートが存在しなくなった。2014年漁期、A.H.の捕鯨チームからK.S.が独立し、結果として捕鯨チームが2チーム存在している状態にかわりはないが、捕鯨実施地区は狭められた。

写真4-17　ベクウェイ島ボート博物館（2014年）

表4－6　捕鯨ボート別ザトウクジラ捕殺数一覧―1991～2014年―

年	1991	1992	1993	1994	1995	1996	1997	1998	1999	2000	2001
Why Ask	0	1	2	0	0	0	0	0	1	1	0
Rescue	－	－	－	－	－	0	0	2	1	1	0
Perseverance	－	－	－	－	－	－	－	－	－	0	2
Persecution	－	－	－	－	－	－	－	－	－	－	－

また、O.O. の捕鯨ボート「レスキュー」は、ベクウェイ島において伝統的に用いられてきたナンタケット型捕鯨ボートの最後のボートである[59]。これに対して A.H. の捕鯨ボート「パーシヴィアランス」は、木造漁船にグラスファイバーを被覆して捕鯨ボートに改装したもの、K.S. の捕鯨ボート「パーシキューション」も、木造漁船に防水繊維シートを被覆して捕鯨ボートに改装したものである。A.H. も K.S. も木造漁船にグラスファイバーや防水繊維シートを被覆することにより捕鯨ボートの耐久性は増したと語っている。この小さな現代技術の採用が、現在のベクウェイ島の捕鯨は旧来の先住民生存捕鯨とは異なる状況にあるとして、反捕鯨団体に同島の捕鯨を批判する材料の一つを与えることになるかもしれないのである[60]。

A.H. の捕鯨チーム（「パーシヴィアランス」）は2000-2013年漁期に12頭のザトウクジラを捕殺している（表4－6）。このうち、A.H. が銛打ちしたのが8頭、K.S. が銛打ちしたのが4頭である（表4－5）。しかしながら、近5年に限れば、K.S. が4頭、A.H. が2頭とその立場は逆転する（表4－5）。今後は1958年生まれで A.H. よりも8歳若い K.S. が捕鯨事業の中核を担っていくはずである。K.S. は30代の若い世代を捕鯨ボートに乗せ、後継者を育成しようとしている。また、K.S. に抜けられた A.H. も別の交替銛手を確保した。この2チームが競い合っていけば当面ベクウェイ島の捕鯨は安泰であろう。

この2人はホエール・ウォッチングについて、それぞれ次のように語っている。

「ホエール・ウォッチングについては特に反対ではない。やりたいのであ

2002	2003	2004	2005	2006	2007	2008	2009	2010	2011	2012	2013	2014	（計）
–	–	–	–	–	–	–	–	–	–	–	–	–	5
2	0	0	1	0	0	0	1	1	0	0	2	–	11
0	1	0	0	1	1	1	0	2	1	1	2	0	12
–	–	–	–	–	–	–	–	–	–	–	–	0	0

（出典：筆者の調査）

るならば、やればよい。私たちは捕鯨を行う。ザトウクジラは通過するだけであり、次に現われるのは2、3週間後かもしれない。そんな所にホエール・ウォッチング客が来るのかなぁ…」(A.H.)

「PF地区では誰もホエール・ウォッチングを支持しない。G.B.だけである。ホエール・ウォッチングは地元にお金を落とさない。鯨が獲れれば、住民は鯨肉を食べられるだけではなく、[解体を見物に行く] ボート、[見物客を運ぶ] タクシー、[鯨が獲れたことを祝うパーティーで用いる飲食物を取り扱う] スーパーなどの間でお金が循環する」(K.S.)

この2人からは、捕鯨の文化、伝統を守ろうと肩肘を張っている姿ではなく、淡々と、しかしながら自信を持って捕鯨を続けていこうとする姿を見てとることができた。

これに対して、SVGNT理事長は「10～15年後にはベクウェイ島から捕鯨は消えているであろう」と中長期的に運動の成功を確信していた。「年間捕殺枠4頭という現在の小規模捕鯨はベクウェイ島およびセント・ヴィンセントおよびグレナディーン諸島国にとって大きな問題ではないが、観光業にとっては有害。捕鯨を中止すれば、もっと鯨がやってくる。観光客も」。「捕鯨とホエール・ウォッチングは両立すると考えるが、捕鯨はないほうがもっとよい」。このような発言から、声高に反捕鯨を叫ぶよりは少しずつホエール・ウォッチングへの流れを作っていこうとするSVGNT理事長の戦略を読み取ることができる。

また、ホエール・ウォッチングの実施手法について、SVGNT理事長は「新たに創業するというよりは、クルージングなど観光用の船を保有する既存のツアー・オペレーターと協力するのが現実的である」と語り、ホエール・ウォッチング船に新規投資をせずにホエール・ウォッチングを開始する方法を考えている。

さらに、「[元鯨捕りの] O.O. も G.B. もホエール・ウォッチングの最高の語り手である。彼らがホエール・ウォッチング船に乗り、鯨や捕鯨について語ったならば、ホエール・ウォッチング客はたとえ鯨に出合わなかったとしても、満足するであろう」。「彼らには鳥類についても勉強してもらっている。ホエール・ウォッチング・ツアー時に海鳥について話ができるようになればなおよい」とも語り、定住鯨ではないザトウクジラを対象とするホエール・ウォッチング事業の危機回避対策（鯨に遭遇しなかった場合の対応策）も考えている。なかなかの策士である。

ドミニカ共和国へのホエール・ウォッチング見学ツアーに参加した G.B. は「ホエール・ウォッチングは雇用をもたらす。ドミニカ共和国は現在、ホエール・ウォッチングがブーム。[ホエール・ウォッチングの中心地サマナに向かうのに便利な] 新国際空港もできた。これに対してベクウェイ島の観光は停滞している」と語り、ホエール・ウォッチングによりベクウェイ島の観光開発が進展し、経済的に潤うことに期待を寄せている。

「ドミニカ共和国の公用語はスペイン語ではないのか」という筆者の質問に対して、G.B. は「観光地では英語が通じる。それにホエール・ウォッチングはアメリカ人が運営している事業も多い」と答えてくれた。「それならば、ホエール・ウォッチングによる収益はアメリカ人に持っていかれるのでは…」と質問しようと思ったが、G.B. のロマンを壊したくないので差し控えた。ベクウェイ島においてホエール・ウォッチング事業が実施されるようになったとしても、島外への経済的漏出を防ぐ仕組みが必要であろう。ロマンだけでは地元に金は落ちない[61)]。

一方、O.O. は筆者に対して「誰かがホエール・ウォッチング船を提供し、船長をやれというのであるならば、船長兼レポーターをやるかもしれない」と半分冗談、半分本気で語ってくれた。あるいはホエール・ウォッチングに新たなビジネス・チャンスを見出したのかもしれない。20 年以上、O.O. とつき合ってきた筆者にとって、彼の捕鯨業からの引退は正直、衝撃であった。

筆者にとって、彼の転身を理解するにはもう少し時間が必要なのかもしれない。

1991年からベクウェイ島において捕鯨文化調査を始めた筆者は、2015年に還暦を迎えた。「10〜15年後にはベクウェイ島から捕鯨は消えているであろう」とするSVGNT理事長の予言の結末をこの目で見てみたい気もするが、それは体力的に少々きついかもしれない。当面の課題は、数年以内に現地を訪れ、ホエール・ウォッチング事業が始まっているか否か、O.O.とG.Bがホエール・ウォッチング事業に参画しているか否か、についてこの目で確かめ、その顚末を書くことである。

4.6. 小括

本章では、カリブ海、セント・ヴィンセントおよびグレナディーン諸島国ベクウェイ島において実施されているザトウクジラ捕鯨を取り上げ、その歴史と現状、地域社会における捕鯨文化の意義、鯨類資源の管理手法、捕鯨と国内・国際政治の関係、捕鯨文化と観光開発の関係、最近始まった捕鯨のホエール・ウォッチングへの転換運動の（悪）影響などについて報告、分析、考察してきた。以下、それらを総括しておく。

ベクウェイ島においては、捕鯨関係者間における鯨産物のシェアー・システムによる分配、捕鯨関係者から親族、友人への鯨産物の贈与および島民への現金販売が島中に鯨産物を行き渡らせることを可能にしている。ベクウェイ島民は少なくとも年に一度鯨産物を入手し、食することにより捕鯨の島の住民であることを再認識している。そしてその再認識が地域社会における捕鯨文化の擁護継承に役立っているのである。

同島における鯨類資源の利用と管理については、手漕ぎ・帆推進の捕鯨ボートに乗り、手投げ銛とヤスによりザトウクジラを捕殺するという旧来の捕鯨方法を用いる限り、その捕鯨は捕りすぎない捕鯨、捕れすぎない捕鯨、すなわち結果としての資源の持続的利用型捕鯨となっている。また、時として母仔連れに見える鯨を捕殺してきたベクウェイ島の捕鯨方法は、西洋人の眼にはかわいそうに映るかもしれないが、実際は鯨捕りにもザトウクジラ群にも最適の捕鯨方法であった。

ベクウェイ島においては、鯨捕りとしての能力、捕鯨クルーをまとめることができる人望、そして捕鯨業を維持しうる資金力のある者が銛手となり、捕鯨を取り仕切ってきた。そこには捕鯨の自主管理制度と呼べるものが備わっていた。ベクウェイ島のような小規模地域捕鯨の管理は、政府が干渉をできる限り差し控え、現地の鯨捕りたちに任せておくことが望ましいのである。

ベクウェイ島のザトウクジラ捕鯨は年間1、2頭の捕殺という慎ましい捕鯨である。世界中において商業捕鯨が盛んであった頃は目立つ存在ではなかった。しかしながら、「クジラ」が西洋社会という異なる文脈において、環境保護の象徴という従来とは異なる意味を持つようになったため、その捕鯨は国際捕鯨委員会などの国際会議において政治的に議論される対象となった。様々な外圧にもかかわらず存続してきたベクウェイ島の捕鯨は、現地では地域文化の一つの象徴、島民アイデンティティの表象となった。さらに日本、ノルウェーなどの捕鯨国にとって、セント・ヴィンセントおよびグレナディーン諸島国は守るべき大きな小捕鯨国となった。

そのこと自体は現地の鯨捕りたちの暮らしをより複雑にする厄介な現象である。しかしながら、そのような国際関係の網の目の中で、鯨捕りたちは象徴的存在としての自らの捕鯨をしたたかに活かしながら援助の実を取り、捕鯨事業を革新し、生活基盤を少しでも強固にしようと努力している。これこそグローバル社会の枠組みの中で暮らしていかざるをえなくなったベクウェイ島の鯨捕りたちの一つの生き方である。

そのような生き方を損なう恐れがあるのが、2012年より始められた捕鯨のホエール・ウォッチングへの転換運動である。2014年時点ではまだホエール・ウォッチングは開始されていなかったが、運動主唱団体が有力銛手の捕鯨ボートを購入するなど、ホエール・ウォッチング実施に向けての布石は着々と打たれている。

筆者は、現実に捕鯨が行われている地域にホエール・ウォッチングを導入することは、環境保護の名を借りた捕鯨潰しであると考えている。10年後、15年後、ベクウェイ島の先住民生存捕鯨はどうなっているのか、今後も注視していきたい。

注

1）セント・ヴィンセントおよびグレナディーン諸島国財務経済計画省統計局『2012年人口住宅統計』（予備報告）（SVG Statistical Office 2014: 52–53 Table 22）による。

2）現地調査の詳細については、序章（0.3.）を参照のこと。現地調査に際しては、国際協力事業団（現・独立行政法人国際協力機構）の水産専門家としてセント・ヴィンセントおよびグレナディーン諸島国に赴任されていた藤井資己さん（任期1995年7月～1998年7月）、歳原隆文さん（任期2001年10月～2005年11月）には、水産局関係者との面談に際して仲介の労をとっていただくなどのお世話になりました。また、青年海外協力隊の村落開発普及員（水産局所属）として同国で活動されていた佐久間まり子さん（任期2005年11月～2007年10月）、東さやかさん（任期2008年10月～2010年9月）には、現地の最新情報などをメールで提供していただくなどのお世話になりました。記してお礼を申し上げます。

3）このほかに、18世紀末にイギリス軍によりセント・ヴィンセント島からイギリス領ホンジュラス沖のラッタン島に追放されたブラック・カリブの子孫たちが、ベリーズに居住している（江口 1991: 75–75）。

4）1864年にアメリカ、ウエストポートの捕鯨船マッタポイセット号（*Mattapoisette*）、1865年にニューベッドフォードの捕鯨船レオニダス号（*Leonidas*）、1867年にプロヴィンスタウンの捕鯨船ジェイ・テイラー号（*J. Taylor*）、1868年にプロヴィンスタウンの捕鯨船ネリー・エス・パットナム号（*Nellie S. Putnam*）がベクウェイ島周辺にやってきて、ザトウクジラ捕鯨に従事したことが航海日誌に記されている（Reeves et al. 2001: 124; Reeves and Smith 2002: 230 Table 3）。

5）グレナダ、カイユ島におけるホセの捕鯨については、アンチル諸島の島々を帆付きカヌーによる単独航海中、1911年に同島に立ち寄ったフェンガーにより描写されている（see Fenger 1917: 42–69）。

6）1986年頃のイギリス国教会司祭による捕鯨ボートへの祝福の手順に関する記述が、ベクウェイ島に17年間、不定期的に滞在していたアメリカ人のエッセイの中に残されている（本の内容、出版年および2隻の捕鯨ボートの名称から1986年と推定）。①司祭が片手に聖書、片手に聖なる水一瓶を持ち、まず捕鯨ボート「ホワイ・アスク」の舳先で聖なる水に祝福を与える。②イギリス国教会に所属する子供たちが斉唱する。③司祭が「創世記」「詩篇」「マタイによる福音書」の一節を朗誦する。④司祭が「ホワイ・アスク」の舳先、艫に聖なる水をふりかける。⑤司祭が捕鯨クルーの安全と捕鯨の成功を祈願する。⑥アスニール・オリヴィエールがラム酒一瓶を持ち出し、「ホワイ・アスク」の舳先にふりかける。この後、捕鯨ボート「ダート」についても「ホワイ・アスク」と同じ手順を繰り返し、その後、料理が提供される（Thomsen 1988: 138-140）。

7）ワードの報告によれば、1986 年の鯨肉の販売価格は 1 ポンド当たり 3 EC ドルであった（Ward 1986: 90）。2002 年、2003 年、2005 年は 1 ポンド当たり 5 EC ドル（225 円）となった。セント・ヴィンセントおよびグレナディーン諸島国を含む東カリブ海諸国 6 か国および 2 地域の共通通貨が East Caribbean dollar（EC ドル）である。1991 年から 2014 年の調査期間中、1 EC ドルは 35〜50 円の間を変動していた。以下、特記した箇所を除いて 1 EC ドル = 45 円で換算している。

8）AT&T、Cable and Wireless、Digicell の 3 社である。

9）2005 年 3 月時点で、銛手 O.O. 率いる捕鯨ボート「レスキュー」の乗組員 6 人中、3 人が携帯電話を所持していた。

10）*The Herald* (St. Vincent and the Grenadines), May 4, 2000; June 22, 2000; March 31, 2001. *The Herald* はセント・ヴィンセントおよびグレナディーン諸島国で発行されていた日刊紙（新聞）。2006 年時点で既に廃刊。

11）筆者の知る限り、この前水産局長は政治的な動きをする人物ではなかった。但し、その前任の故カーウィン・モリス元水産局長は、若い時からミッチェル元首相の取り巻きとして活動しており（Mitchell 2006: 123）、2001 年の総選挙に際して、水産局長を辞し、与党 NDP の書記長として総選挙を陣頭指揮、敗北したのであった。あまりに政治的すぎた前任者のとばっちりを後任が受けたのであろう。

12）水産庁「第 55 回国際捕鯨委員会（IWC）年次会合結果」（平成 15 年 6 月 20 日付け）および同庁作成資料（私信）による。

13）2005 年 3 月 6 日、BIWA 事務局長 H.B. 宅において申請書および工事見積書の写しを閲覧、同氏の了解を得たうえで、フィールドノートに転写した。なお、本目（4.2.7.2.）においては 1 EC ドル = 40 円で換算。

14）再申請書の写しについても 2005 年 3 月 6 日、BIWA 事務局長 H.B. 宅において閲覧、同氏の了解を得たうえで、フィールドノートに転写した。

15）在フィリピン日本国大使館が NGO 向けに作成した資料による（〈http://www.ph.emb-japan.go.jp/japaneseweb/ngo-3.htm〉 Accessed May 12, 2005）。

16）在トリニダード・トバゴ日本国大使館がホームページ上に公表した 2005 年 6 月 24 日付けの最新ニュース（"Japan assists in the restoration of the Whaling Station in Bequia." 〈http://www.tt.emb-japan.go.jp/st-vincent-the-granadines/whaling-station-bequia.htm〉 Accessed July 26, 2006）による。この 8 万 9486US

ドルという数字は、削減申請額24万1614ECドルを2.7ECドル＝1 USドル（公定レート）で換算した金額と考えられる。

17）*Searchlight*, December 16, 2005. *Searchlight* はセント・ヴィンセントおよびグレナディーン諸島国において週2回、火曜日と金曜日に発行されている新聞。

18）*Searchlight*, December 16, 2005; January 25, 2008.

19）*Searchlight*, June 30, 2006.

20）*Searchlight*, December 16, 2005.

21）ミッチェル元首相は自叙伝の中で、弁護士でもあるゴンザルベス現首相について「当地における麻薬密売人の刑事弁護人として十分に名声を確立していた」（Mitchell 2006: 383）と記している。

22）セント・ヴィンセントおよびグレナディーン諸島国においては、首都キングスタウンのあるセント・ヴィンセント島の風下側海岸のほぼ中央部に位置する漁村バルリー（Barrouallie）でも、コビレゴンドウを主対象とする小型鯨類捕鯨が行われている（浜口 2002b; 2006）。2005年3月、この捕鯨事業に対しても、小型鯨類引き揚げ用傾斜路（スリップウェイ）の新設および既存施設の小型鯨類加工場への改築を目的として、青年海外協力隊の活動経費から9万2847.50ECドル（371万3900円、1 ECドル＝40円）の資金援助がなされた（*Searchlight*, March 4, 2005）。

23）『朝日新聞』1993年5月13日付け。

24）筆者は第51回国際捕鯨委員会年次会議に日本国政府代表団の一員として参加した。

25）筆者は第54回国際捕鯨委員会年次会議の先住民生存捕鯨小委員会、違反小委員会ほかに、セント・ヴィンセントおよびグレナディーン諸島国政府代表団の一員として参加した。同年次会議の議事録には「セント・ヴィンセントおよびグレナディーン諸島国政府はそれから日本、園田学園女子大学短期大学部の浜口教授を紹介した。同教授は1991年以来、ベクウェイ島のザトウクジラ捕鯨を取り巻く社会文化的諸状況を調査している。同教授の最近の調査報告はセント・ヴィンセントおよびグレナディーン諸島国の要求声明書にその根拠の多くを提供している」（IWC 2003b: 70）と筆者の参加が記されている。

26）ベクウェイ島の推計人口は1982年3191人、2002年5815人（SVG 2002b: 3）。なお、筆者にはセント・ヴィンセントおよびグレナディーン諸島国の要求声明書において、1982年を比較の基準年とした理由がよくわからなかった。これが1987年であったならば、同年の第39回国際捕鯨委員会年次会議において同国の捕鯨が先住民生存捕鯨として承認された年であるので、非常によくわかるのであるが…。この要求声明書は第54回年次会議の会期中に会場内の控え室において同国代表団の一員が執筆したものであり、年号については執筆者の思い違いの可能性もあると筆者は考えている。

27)『国際捕鯨取締条約』第3条第2項において、「第5条に関わる行動については投票する締約国の4分の3以上の多数を必要とする」と規定されている(IWC 2013c: 165)

28) セント・ヴィンセントおよびグレナディーン諸島国政府代表団の一員からの情報提供による。以下、アメリカとセント・ヴィンセントおよびグレナディーン諸島国の舞台裏での話し合いに関する記述は、同氏情報による。

29) なお、このアラスカとチュコト地域の先住民によるホッキョククジラ捕鯨については、2002年10月に開催された国際捕鯨委員会の特別会合において、ほぼ当初要求案どおりに合意がなされた(水産庁「国際捕鯨委員会特別会合の結果について」平成14年10月15日付け)。

30) 本草案は第54回国際捕鯨委員会年次会議の会期中、セント・ヴィンセントおよびグレナディーン諸島国国会において審議中であった。

31) *Saint Vincent and the Grenadines Statutory Rules and Orders,* 2003. No. 42. Gazetted 30th December, 2003. *Aboriginal Subsistence Whaling Regulations 2003.*

32) カリブ海地域の観光イメージについては江口(1998: 55-73)による詳細な分析がある。

33) Warren Associates in conjunction with the St. Vincent & the Grenadines Department of Tourism, n.d. *Discover St. Vincent & the Grenadines,* p.54.

34) The Department of Tourism, St. Vincent and the Grenadines, n.d. *Tourism Statistical Report 1994.* 16pp.

35) *The Grenadian Voice,* May 22, 1999. *The Grenadian Voice* は、セント・ヴィンセントおよびグレナディーン諸島国の隣国グレナダにおいて発行されている週刊紙(新聞)。2000年時点においてインターネット上で解体現場の写真を見ることが可能であった(see 〈http://abcnews.go.com/sections/science/DailyNews/iwc990525.html〉 Accessed August 17, 2000)。

36) *Caribbean Compass,* April 1999. *Caribbean Compass* は、ベクウェイ島を中心に発行されている月刊紙(新聞)。

37) *Caribbean Compass,* June 1999.

38) *Caribbean Compass,* April 1999.

39) 1995年8月現在、日本においては全国19か所でホエール(ドルフィン)・ウォッチングが事業として行われている(水口 1996: 71)。また、世界的には1998年現在、87か国492地域において事業としてのホエール・ウォッチングが行われている（Hoyt and Hvenegaard 2002: 381）。

40）イギリスITV 3チャンネル「The Whale Hunters of Lamalera, Indonesia」（1988年7月放映）、NHK・2チャンネル「灼熱の海にクジラを追う」（1992年1月放映）、関西テレビ「巨鯨に挑む―インドネシアの海人・ラマファー―」（1997年8月放映）、NHK・BS 2チャンネル「鯨の島の逞しき女たち―インドネシア・レンバタ島―」（1997年10月放映）などである。

41）このアメリカ人ドキュメンタリー映画製作者、トム・ウェストン（Tom Weston）の作品「The Wind That Blows」は2013年にセント・ヴィンセントおよびグレナディーン諸島国においてようやく公開された（"Film about whaling in Bequia debuts in Kingstown." *Searchlight*, January 29, 2013.〈http://searchlight.vc/film-about-whaling-in-bequia-debuts-in-kingstown-p42859-82. htm〉 Accessed April 19, 2013.）。筆者は1993年に当時ベクウェイ島にあった彼のスタジオで未編集ビデオを見せてもらったことがある。

42）セント・ヴィンセントおよびグレナディーン諸島国を含むカリブ海地域のバナナ生産国は、1975年に締結された「ロメ協定」（第4次改定ロメ協定、2000年2月まで）により、旧宗主国であるイギリスへのバナナ輸出に関して特恵的地位が認められてきた（Grossman 1998: 47-48; 田中 2000: 291）。1993年1月のヨーロッパ連合統一市場創設に際して、創設12か国中、旧植民地や海外領土のバナナ生産者の保護政策を取っていた国、イギリス、フランス、スペインなど6か国とバナナ輸入が自由であった国、ドイツなど6か国との政策調整を図るため「ヨーロッパ連合バナナ制度」（1993年7月1日施行、2002年まで）が設けられ、カリブ海諸国のバナナ輸出にかかる特恵的地位は維持された（Grossman 1998: 52-56）。

その結果、ヨーロッパ連合市場（特にドイツ）において不利益を被るようになった多国籍企業チキータ・ブランズ・インターナショナル社がアメリカ合衆国政府に働きかけ（Donald L. Barlett and James B. Steele, "How to Become a Top Banana." *Time*, February 7, 2000）、同国通商代表部が世界貿易機関（WTO）に「ヨーロッパ連合バナナ制度」の調査を提訴、WTO紛争処理小委員会は最終的に「修正ヨーロッパ連合バナナ制度」（アメリカ合衆国政府の提訴を受けて、ヨーロッパ連合が「ヨーロッパ連合バナナ制度」を一部修正したもの）の一部がWTOの規則に違反していると結論づけ、アメリカ合衆国政府に対してヨーロッパ連合からの輸入品に制裁金を課すことを認めた（The Caribbean Banana Exporters Association, "Chronology of the EU's Common Policy for Bananas."〈http://www.cbea.org/EU/policy.htm〉 Accessed March 2, 2000）。

43）セント・ヴィンセントおよびグレナディーン諸島国のバナナ生産価格（船積

み前）は1995年、18.2kg一箱当たり8.39USドル、一方、エクアドルのそれは2.95USドル、コスタリカは3.25USドルであった（van de Kasteele 1998: Table 2）。

44）しかしながら、「バナナが駄目になったから次は観光」というほど事柄が単純なわけではない。アメリカ軍大西洋カリブ海地域司令官シーハン海兵隊大将は、カリブ海地域のバナナ産業が崩壊したならば、アメリカへの不法移民と麻薬密輸市場が拡大すると警告している（Grossman 1998: 56）。セント・ヴィンセントおよびグレナディーン諸島国においてバナナ産業が衰退すれば大量の農民が失業、代替産業としての麻薬栽培が増加し、麻薬に絡む犯罪が多発、政情不安となり、観光客は減少するという悪循環に陥ると考えられるのである。同国（およびカリブ海諸国）にとってはバナナも観光も必要なのである。

45）*Caribbean Compass*, April 1999.

46）*Caribbean Compass*, April 1999.

47）*Caribbean Compass*, December 1999.

48）商業捕鯨の一時停止を待っていたかのように、1988年4月に小笠原諸島母島において日本で初めてのホエール・ウォッチングが実施された。このホエール・ウォッチング・ツアーを企画した人物は後に「考えてみれば、そんな小笠原行きは、捕鯨側が巨万の金を費やして捕鯨プロパガンダとクジラ保護潰しをやってきたことをわずか10日で根こそぎ覆したとも言える」（岩本 1996: 23）と語っている。この文章の前後を読めば、日本で初めて実施されたホエール・ウォッチング・ツアーが、朝日新聞社、毎日新聞社、NHKなどのメディア（に所属する個人）や環境保護団体の世界自然保護基金（WWF）日本委員会、後のグリーンピース・ジャパンの活動家などを巻き込んで周到に練り上げられた捕鯨潰しの陰謀であったことがよくわかる。

もっとも、ホエール・ウォッチングが捕鯨潰しの陰謀などではなく、大人の高尚な道楽と考えているホエール・ウォッチング愛好家もいる。それら愛好家の正直な告白として、次の文章を取り上げておく。「ホエール・ウォッチングとはあくまでも大人の快楽なのである。もう少していねいに言えば、酒や煙草といった、現実を安直にリセットする手段に飽き飽きした、レベルの高い大人が楽しむ退廃なのである」（植木 1996: 105）。「「小舟で潮まみれになり、船酔いにも苦しみながらクジラを見るより、大型客船のデッキで、ビール片手に手すりにもたれながら、のんびりとホエール・ウォッチングをするのもなかなかいいものですよ」とは、乗船した友人の弁であった」（中村 1991: 78）。

49）イルカ漁が行われているドミニカ連邦のホエール・ウォッチングの実態について江口は次のように語っている。「ホエール・ウォッチングが欧米からのエコツーリストを満足させてきたのは確かである。しかし、その利益は、一部の資本家のふところを暖めているだけで、けっして現地人の持続的発展に寄与してきたとは現状ではいい難い」(江口 1996: 32)。結局のところ、ホエール・ウォッチングも新たな形態の搾取の顕現でしかないのである。

50）セント・ヴィンセントおよびグレナディーン諸島国ナショナル・トラストは、1969年10月25日に施行された『セント・ヴィンセントおよびグレナディーン諸島国ナショナル・トラスト法』(*Saint Vincent and the Grenadines National Trust Act*)（以下、『ナショナル・トラスト法』と表記）の規定に基づいて設立された非営利団体である。

51）アメリカの反捕鯨団体「動物福祉協会」(Animal Welfare Institute）は、第64回国際捕鯨委員会年次会議を間近に控えた2012年6月、ベクウェイ島の先住民生存捕鯨の継続に反対する報告書（AWI 2012）を発表している。SVGNT理事長の年次会議における反捕鯨プレゼンテーションは同報告書に依拠したものである（“Whaling in Bequia: Not ‘Aboriginal’…Learned from Yankees.”〈http://iwcblogger.wordpress.com/2012/07/04/whaling-in-bequia-not-aboriginal-learned-from-yankees/〉Accessed September 2, 2012)。

52）この農水省の役人とは「農業・水産業と観光業との結びつきを促進することをめざして農水省内に新たに設置された特別な部門の長」である（“Bequia delegation on whale watching mission to Dominican Republic.” *Searchlight*, March 15, 2013.〈http://searchlight.vc/Bequia-delegation-on-whale-watching-mission-to-dominican-republic-p43564-82.htm〉Accessed April 19, 2013)。その職務からホエール・ウォッチング事業を担当していると考えられる。

53）SVGNTの資金源については、同団体のホームページに次のような記述がある。「SVGNTはこの海洋資源［北大西洋資源ザトウクジラ］の非致死的利用を促進するプロジェクトを展開しています。おおよそ2万8500USドルと見積もられているこのプロジェクトはSVGNTの成員と協力者たち（friends）によって資金提供がなされています。このプロジェクトはベクウェイ島の捕鯨コミュニティと協力してホエール・ウォッチングが経済的に見込みのある代替生計手段であることの立証をめざしています」(“The National Trust's Plan to Save SVG's Humpback Whales.”〈http://svgnationaltrust.moonfruit.com/#/humpback-whales/4568202208〉Accessed November 13, 2013)（波線筆者付記)。この資金提供を行っている協力者たちについて調べるのが今後の課題である。

54）International Whaling Commission and its Working Group on Whale Watching, “Whale Watch Operators Workshop” (May 24–25, 2013, Brisbane, Australia).

55）『セント・ヴィンセントおよびグレナディーン諸島国先住民生存捕鯨規則

2003』第7条第1項において、「もし1頭の鯨が、海岸あるいは海上の2捕鯨チーム、もしくはそれ以上の捕鯨チームによって発見され、それらの捕鯨チームが追跡を始めたならば、最初に鯨から最短距離に近づいた捕鯨ボートに銛打ちの優先権がある」と規定されている。

56) 写真4-14は、O.O.が入手した写真を、筆者がO.O.宅において複写したものである。

57) 筆者はO.O.から捕鯨ボートをSVGNTに売却したこと、およびSVGNT理事長から捕鯨ボートをO.O.から購入したことを直接確認したが、その金額については聞いていない。将来、SVGNTの決算書を読めば、その金額がわかるかもしれない。『ナショナル・トラスト法』第11条において、「本トラストを代表して受領、支出した金銭の完全かつ適切な決算書を作成し、毎年適切な時期に決算書を会計検査官に提出することが理事会の義務である」と年1回の決算書の提出義務が規定されている。

58) ベクウェイ島ボート博物館を管理運営する「ベクウェイ島遺産財団」(Bequia Heritage Foundation) の理事長 (前出のグレナディーン諸島問題局次長H.B.) によれば、ある日突然SVGNT理事長から同氏に電話で「SVGNTが捕鯨ボート『レスキュー』を購入したので博物館に寄付したい」との申し出があった。SVGNT理事長自身もベクウェイ島遺産財団の理事ではあるが、「レスキュー」の受け入れなどについて理事会において議論したことは一度もなかった。今後、「レスキュー」の受け入れの是非について理事会で話し合われることになるが、SVGNT理事長の母が同財団の理事・事務局長であることに加えて、同理事長は他の理事にも影響力を持っているので、「レスキュー」の寄付の申し出を拒否することはできないであろうとのことであった。

59) 「ナンタケット」(Nantucket) とはアメリカ合衆国マサチューセッツ州の沖合に位置する島の名前である。かつてナンタケット島はアメリカ帆船式捕鯨の中心地であった (森田 1994: 57)。ベクウェイ島のザトウクジラ捕鯨はアメリカ帆船式捕鯨から捕鯨技術を習得した島民により創始された。捕鯨ボートについてもナンタケット型捕鯨ボートを模して製作された (Adams 1971: 60, 63)。

60) 例えば、アメリカの反捕鯨団体、動物福祉協会は、ベクウェイ島の捕鯨における高速モーターボートの使用を、先住民生存捕鯨から逸脱するものとして批判している (AWI 2012: 6)。

61) SVGNT理事長の姉 (長女) と母はベクウェイ島において別個にホテル・レストラン事業を営んでいる。ベクウェイ島でホエール・ウォッチングが盛んになり、観光客が増加すれば、ホテル・レストラン事業を営む彼女の一族は潤うかもしれない。

第５章　先住民生存捕鯨の将来

5.1．議論の総括

本書では、先住民生存捕鯨に関する先行研究を踏まえたうえで、『国際捕鯨取締条約』附表の修正を通して国際捕鯨委員会において先住民生存捕鯨が確立されてきた歴史的過程を整理、検討し、ベクウェイ島における現地調査および民族誌に基づいて現在の先住民生存捕鯨が持つ問題点および課題を分析、考察してきた。以下、それらを総括しておく。

第１章における先住民生存捕鯨に関する先行研究の考察から明らかになったことは、次のとおりである。

国際捕鯨委員会において確立されてきた「商業捕鯨」と「先住民生存捕鯨」という捕鯨の二区分については、先住民による捕鯨の実態を無視した恣意的なものとしてその区分を疑問視する見解と鯨類保護の観点から、その区分を肯定的に評価する見解がある。前者は主として文化人類学者によって、後者は主として鯨類（海洋哺乳類）学者によって主張されている。

第２章における先住民生存捕鯨全般に関わる『国際捕鯨取締条約』附表修正の歴史的変遷について考察した結果は、次のとおりである。

国際捕鯨委員会における商業捕鯨の一時停止決定の結果、先住民生存捕鯨は条約上残された唯一可能な捕鯨カテゴリー（商業捕鯨と対立する捕鯨カテゴリー）となり、従来以上に先住民生存捕鯨から商業性の排除が厳格に求められるようになった。そしてその流れに沿う形で、先住民生存捕鯨から現金の介在した鯨肉・脂皮などの鯨産物の流通を排除しようとする動きが強化された。

先住民生存捕鯨からの商業性排除の鉾先が向けられたのが、デンマーク領グリーンランドの先住民生存捕鯨であった。グリーンランドにおける鯨産物の現金販売は利潤を追求するものではなく、捕鯨の必要経費を賄い、鯨との関係を維持するためのものである。反捕鯨国はその点を理解できない（しようとはしない）ことが明らかになった。

そのグリーンランドの先住民生存捕鯨をめぐって近年紛糾したのが、ザトウクジラの捕殺枠再設定問題であった。ザトウクジラの捕殺枠を9頭とするか10頭とするかで、5年間も紛糾した。その1頭でザトウクジラが絶滅するわけではない。環境保護の象徴として、その1頭が重みを持つのである。結局、デンマークとヨーロッパ連合が政治的取引を行うことにより1頭増が容認された。それは、国際捕鯨委員会の議論は科学よりも政治で決まることの例証であった。

ザトウクジラ1頭をめぐる攻防以上に国際捕鯨委員会の議論が政治力により決着することを明白に示したのが、アメリカ合衆国ワシントン州に住む先住民マカーによる先住民生存捕鯨としてのコククジラ捕鯨の承認であった。70年以上も捕鯨から遠ざかっていたマカーの捕鯨が僅か2年間の議論で承認されたのは、アメリカとロシアが政治力と巧みな戦術を駆使して両国の先住民生存捕鯨にかかる共同附表修正提案を行ったからであった。

第3章におけるセント・ヴィンセントおよびグレナディーン諸島国ベクウェイ島の先住民生存捕鯨に関わる『国際捕鯨取締条約』附表修正の歴史的変遷についての考察から明らかになったことは、次のとおりである。

ベクウェイ島における先住民生存捕鯨をめぐる議論は、母仔連れに見える鯨を時には捕殺してきたその捕鯨方法についての、捕鯨国および捕鯨理解国と反捕鯨国との対立の歴史であった。手漕ぎ・帆推進の捕鯨ボートに乗り、手投げ銛とヤスを用いてザトウクジラを仕留めるという旧来の捕鯨方法に依存する限り、母仔連れに見える鯨がもっとも捕殺しやすい。従って、銛打ち亡失も少なく、資源保護に繋がる。鯨の数を減らさないことに執着する反捕鯨国も、なぜか資源保護に繋がる母仔連れ鯨の捕殺には反対するのである。

この母仔連れに見える鯨の捕殺問題で紛糾してきたベクウェイ島のザトウクジラ捕鯨も、アメリカのホッキョククジラ捕鯨と日本のミンククジラを主対象とする小型沿岸捕鯨をめぐって日米両国が対立した結果、アメリカが自国の捕殺枠確保のためにセント・ヴィンセントおよびグレナディーン諸島国を支持せざるをえなくなったため、(多少の議論はあっても) 確実に承認されるようになった。そのことは弱小国でも巧みな戦術を用いれば、その捕殺枠の確保および継続が可能であることを例証するものであった。

第4章におけるベクウェイ島のザトウクジラ捕鯨の諸事象について現地調査に基づき考察した結果は、次のとおりである。

捕鯨関係者間における鯨産物のシェアー・システムによる分配、捕鯨関係者から親族、友人への鯨産物の贈与および島民への現金販売が、島中に鯨産物を行き渡らせることを可能にしている。ベクウェイ島民は少なくとも年に一度鯨産物を入手し、食することにより捕鯨の島の住民であることを再認識している。そしてその再認識が地域社会における捕鯨文化の擁護継承に役立っている。

手漕ぎ・帆推進の捕鯨ボートに乗り、手投げ銛とヤスによりザトウクジラを仕留めるという旧来の捕鯨方法を用いる限り、ベクウェイ島のザトウクジラ捕鯨は、捕りすぎない捕鯨、捕れすぎない捕鯨、すなわち結果としての資源の持続的利用型捕鯨となっている。また、母仔連れに見える鯨を時には捕殺してきたベクウェイ島の捕鯨方法は、西洋人の眼にはかわいそうに映るかもしれないが、実際には鯨捕りにもザトウクジラ群にも最適の捕鯨方法であった。

ベクウェイ島の捕鯨においては、鯨捕りとしての能力、捕鯨クルーをまとめることができる人望、そして捕鯨業を維持しうる資金力のある者が銛手となり、捕鯨を取り仕切ってきた。そこには捕鯨の自主管理制度と呼べるものが備わっていたのである。ベクウェイ島のような小規模地域捕鯨の管理は、国家の干渉をできる限り差し控え、鯨捕りたちに任せておくことが望ましい。

ベクウェイ島では捕鯨と観光は長年にわたって並存してきたが、2012年にあるNPOにより捕鯨をホエール・ウォッチングに転換する運動が始められ、捕鯨文化の存続に不安を抱かせる状況が生じ始めている。

第1章から第4章までの分析、考察に基づく筆者の結論は、次のとおりである。

「商業捕鯨」と「先住民生存捕鯨」という捕鯨の二区分は、商業捕鯨の一時停止決定以降、反捕鯨国が多数を占めてきた国際捕鯨委員会において鯨類を保護し、捕鯨を制限するために政治的に強化された人為的な区分である。後者として承認されれば形式的には捕鯨は可とされるが、そのためには商業性が排除されることを前提としている。そしてその商業性を反捕鯨国は字義的に解釈し、現金の使用があれば、その捕鯨は商業性を帯びたものとして判断され、先住民生存捕鯨としての特例的地位の剝奪が求められる。利潤追求のための現金販売と捕鯨継続に必要な経費入手のための現金販売は異なるものであるが、反捕鯨国は現金販売と商業性を同一視することにより、先住民による捕鯨の制限を試みている。なぜならば、先住民生存捕鯨であれ、鯨1頭でも捕殺数を減じれば、鯨類保護に繋がるからである。

先住民による捕鯨は、捕鯨実施者、捕殺対象鯨種、捕鯨ボート（船）の材質、動力源、捕鯨道具、鯨産物の利用法、鯨産物の流通域、鯨産物の意義など、その実態において多種多様である。それらの多様性を無視して「先住民生存捕鯨」として一括することより、先住民生存捕鯨という名称が惹起するイメージ（例えば、手漕ぎのボートと手投げ銛の使用、鯨産物の無償贈与や鯨産物による物々交換など）とその実態（例えば、動力船に装備された捕鯨砲の使用、鯨産物の現金販売など）との間に乖離が生じる一方、鯨に依存してきた人々にそのイメージに忠実であることを求め、彼らに多くの困難を与えてきたのである。

5.2. 国際捕鯨委員会と先住民生存捕鯨の将来

本書では、第2章、第3章において、第1回国際捕鯨委員会年次会議（1949年）から第65回隔年次会議（2014年）までの先住民生存捕鯨に関する主要議論について、『国際捕鯨委員会報告』『国際捕鯨委員会年報』および3回の年次会議における参与観察に基づいて綿密に検討してきた。最後に本節において、国際捕鯨委員会における先住民生存捕鯨に関する将来の展望について述べておく。

まず取り上げなければならないのが、ラテンアメリカ諸国からなる「ブエノスアイレス・グループ」[1)]の突出した反捕鯨姿勢である。ブエノスアイレス・グループはチリの首都サンチアゴにおいて開催された第60回年次会議（2008年）から公に活動を始め、グリーンランドにおけるザトウクジラ捕鯨の再開に強く反対し（IWC 2009: 20）、また第62回年次会議（2010年）における議長・副議長が作成した「鯨類保護改善のための総意による合意決定提案」の採択にも反対するなど（IWC 2011a: 10）、近年では先住民生存捕鯨

写真5－1　第65回国際捕鯨委員会隔年次会議（2014年）

を含む全ての捕鯨に反対する最強硬反捕鯨国グループとなっている。

第65回隔年次会議（2014年）において（写真5－1）、デンマークとヨーロッパ連合との政治的取引により、懸案であったデンマーク領グリーンランドの先住民生存捕鯨は承認されたが、その承認に唯一反対したのがブエノスアイレス・グループ11か国であった（2.3.1.1.参照）。今回は賛成に回ったヨーロッパ連合も、第60回年次会議（2008年）、第64回年次会議（2012年）ではグリーンランドの先住民生存捕鯨に反対票を投じた過去がある（2.3.1.1.参照）。ブエノスアイレス・グループほどではないにしろ、ヨーロッパ連合も強硬な反捕鯨集合体である。

先住民生存捕鯨に関わる附表修正には4分の3以上の賛成が必要である。従って、4分の1以上の数を抑えれば、附表修正は阻止できる。ヨーロッパ連合（2014年時点の加盟国28か国中、25か国が『国際捕鯨取締条約』締約国）とブエノスアイレス・グループ（11か国）が手を組めば、『国際捕鯨取締条約』締約国88か国（2014年）の4分の1以上（23か国）は軽く超える。単に数字だけを考えるならば、ヨーロッパ連合内条約締約国25か国のうちデンマークを除く24か国だけで全ての附表修正を阻止できる。「反捕鯨」を共通理念とするヨーロッパ連合諸国がその気になれば、アメリカとロシアの先住民生存捕鯨でさえも潰せるのである。さらにそのヨーロッパ連合以上に急進的（過激）であるのがブエノスアイレス・グループである。このような状況を考えたならば、捕鯨文化の擁護継承をめざす側に立つものとして、国際捕鯨委員会の将来も、先住民生存捕鯨の将来も暗いといわざるをえない。

現在の国際捕鯨委員会の枠内で先住民生存捕鯨が生き残る道は、アメリカ、ロシア、デンマーク、セント・ヴィンセントおよびグレナディーン諸島国の先住民生存捕鯨実施4か国が附表修正を共同提案とし、ヨーロッパ連合と政治決着するしかない。その際、ヨーロッパ連合が最大限譲歩するのが現状維持（現在の捕殺枠の延長）であろう。結局、商業捕鯨の再開をめざす日本以外の条約締約国にとっては、現状維持のぬるま湯状態が最適なのかもしれない。

5.3. 結語

前節において、国際捕鯨委員会も先住民生存捕鯨もその将来は暗いと述べた。それを踏まえたうえで、本書を閉じるにあたってその暗闇を乗り越える手立てを考えてみたい。

高度回遊性動物である大型鯨類を対象とする捕鯨をどう管理していくのか。これは難しい課題である。回遊路沿岸に位置する捕鯨国だけに捕鯨の管理を委ねれば、過剰捕殺を引き起こすかもしれない。また、関係捕鯨国間において調整がつかないこともあるかもしれない。それらの防止や解決のために国際捕鯨委員会が存在しているはずであるが、実際には同委員会において反捕鯨国が多数を占めているため、その調整機能は働いていない。加えて、反捕鯨国が多数を占める国際捕鯨委員会が、関係国の経済専管水域内における大型鯨類の捕鯨管理に絶対的な権限を行使することにも問題がある。地域の実情を知らない部外者の捕鯨管理政策が成功することはまずない。もっとも反捕鯨国は鯨類を捕殺しない（させない）ことが大前提であるので、先住民生存捕鯨を含めて全ての捕鯨を禁止すれば、彼らの捕鯨管理政策は失敗しないであろう。なぜならば、1頭たりとも鯨類を捕殺させなければ、普通は絶滅の危機は生じないからである。しかしながら、それは管理ではない。単なる仕事の放棄である。鯨類など再生可能な生物資源は適切に管理し、持続的に利用してこそ人間にとって価値があるのである。

では改めて問う。捕鯨をどのようにして管理していけばよいのであろうか。捕鯨管理は地域において実施することを原則とし、国際捕鯨委員会は南極海など公海における捕鯨管理に専念すべきである。これに対して、複数国の経済専管水域にまたがる捕鯨管理は、北大西洋海産哺乳動物委員会（North Atlantic Marine Mammal Commission）などの地域資源管理機関に委ねるべきである。１か国の複数地域あるいは１か国の特定地域の捕鯨管理については、当該国と地域共同体の共同管理、あるいは共同体基盤型の管理[2)]がふさわしい。本書で取り上げたベクウェイ島のザトウクジラ捕鯨のように捕殺数が極端に少ない捕鯨については、捕鯨実施者の自主管理に任せるのも一つの方法である。

捕鯨の「商業捕鯨」と「先住民生存捕鯨」への二区分は、可能な限り捕鯨を制限するための政治的便法であることが本書において明らかになった。また、『国際捕鯨取締条約』附表により承認されている全ての先住民生存捕鯨を包括しうる定義は不可能であることも明らかになった。不可能であるがゆえに、いかなる形態の捕鯨も先住民生存捕鯨的要素の一部を備えていれば、政治的に、すなわち国際捕鯨委員会において賛成が４分の３以上の多数を占めれば、先住民生存捕鯨になりうるのである。一方、先住民生存捕鯨のかなりの要素を備えていたとしても、反対が４分の１以上を占めれば、先住民生存捕鯨としては承認されない。このような捕鯨／反捕鯨という政治的反目の網の目の中に先住民を巻き込むことは不幸なことである。そのような不幸を生じさせないためにも、先住民による捕鯨を含む全ての実施可能な捕鯨の枠組みを再構築することが喫緊の課題なのである。

筆者としては、この課題の解決に向けて今後も鋭意研究に努めていく所存である。

注

1)「ブエノスアイレス・グループ」については、第２章注 8）参照。

2) 共同体基盤型の管理とは、インドネシア東部において広く実施されているサシのように、自然環境や資源に関する伝統的知識に基づいて確立されてきた資源管理の慣行に依拠する資源管理方法である（秋道 2010: 109）。

おわりに

2014年3月、ベクウェイ島を訪れた。初めての訪問から数えると24年目である。空港に迎えにきてもらったA.O.さんから、1か月前に弟のO.O.さんが所有する捕鯨ボートを手放し、捕鯨業から引退したとの話を聞いた。実際、全く予想もしていなかった話の展開に少々（いや、かなり）戸惑った。出発前に現地での調査計画を立てていたが、その計画どおりには運ばないことが到着直後にわかった。というわけで、今回は急遽予定を変更して、なぜO.O.さんが捕鯨ボートを手放し、捕鯨業から引退したのかを探る調査となった。

今まで偶然と幸運の積み重ねで調査を続けてきた私もO.O.さんの捕鯨業からの引退を知り、とうとう運も尽きたのかと思い、ベクウェイ島での捕鯨文化調査もそろそろ潮時と考えるようになった。私が帰国した直後から、現地でネッタイシマカが媒介するチクングニア熱の大流行が報道され始めた。今回の調査でも1日10か所以上は蚊に刺されたので、帰国が1週間遅れていたならば、あるいは私も感染していたのかもしれない。まだ運は残っていた（と思う）。

本書は、2013年9月に総合研究大学院大学に提出した博士学位請求論文『先住民生存捕鯨再考—国際捕鯨委員会の議論とベクウェイ島の事例を中心に—』を、2014年末時点で入手しえた資料と情報に基づき、2015年に出版用に改稿したものである。改稿に際して、『国際捕鯨取締条約』附表の修正にかかる部分を大幅に割愛した。結果として、分量的には元原稿の3分の1程度になった。そのため論旨がわかりにくくなったかもしれないが、それは全て私の責任である。

博士論文の審査に際しては、主査を務めていただいた池谷和信先生、副査の岸上伸啓先生、信田敏宏先生、岩崎まさみ先生（北海学園大学）、秋道智彌先生（総合地球環境学研究所）、小松正之先生（政策研究大学院大学）にお世話になりました。ご審査いただいた6人の先生方と予備審査で主査を務めていただいた飯田卓先生に深くお礼を申し上げます。

私は大学院修士課程を修了した後、一度は公務員（行政職）になった。その後、先輩からの電話一本がきっかけとなり、大学の教員になることができた。運がよかった。現在の勤務先、園田学園女子大学でもほとんど誰も取ったことのないサバティカルを取ることができ、カナダのマギル大学で半年間、勉強できた。運がよかった。マギル大学に行くきっかけとなったのが、たまたま日本でサバティカルを取っていたマギル大学の先生と知り合ったことである。運がよかった。そのマギル大学の先生と知り合うきっかけとなったのが、それまで面識のなかった国立民族学博物館の岸上伸啓さんからのワークショップへのお誘いであった。これも一通のメールから始まった。運がよかった。その後は岸上さんの共同研究会や科研調査のメンバーに加えてもらい、多くの研究者仲間と知り合うことができた。これも運がよかった。2013年には科研費申請が採択され、2014年3月のベクウェイ島での現地調査を実施できた。これも運がよかった。今日までの私の研究生活は、繰り返すが、偶然と幸運の積み重ねであった。

本書の出版に際しては、岩田書院の岩田博さんにお世話になりました。岩田さんが出版された『ひとり出版社「岩田書院」の舞台裏』（無明舎出版、2003年）には、「初版の作り部数の半分を売って製作原価を回収し、残りの4分の1を売って諸経費を回収し、最後の4分の1が売れて、やっと利益になってくる」（139頁）とある。私としては、初版部数の4分の3以上の販売（できれば完売）をめざして、研究を続けていきたいと考えている。

今までお世話になった方々に謝意を表して、本書を終えたいと思います。ありがとうございました。

（2016年1月）

文献

Adams, John Edward

1971 Historical Geography of Whaling in Bequia Island, West Indies. *Caribbean Studies* 11(3): 55-74.

1975 Primitive Whaling in the West Indies. *Sea Frontiers* 21: 303-313.

1994 Last of the Caribbean Whalemen. *Natural History* 103(11): 64-72.

秋道智彌

1994 『クジラとヒトの民族誌』東京：東京大学出版会。

2009 『クジラは誰のものか』（ちくま新書 760）東京：筑摩書房。

2010 『コモンズの地球史―グローバル化時代の共有論に向けて―』東京：岩波書店。

Akimichi, Tomoya, Pamela J. Asquith, Harumi Befu, Theodore C. Bestor, Stephen R. Braund, Milton M.R. Freeman, Helen Hardacre, Masami Iwasaki, Arne Kalland, Lenore Manderson, Brian D. Moeran and Junichi Takahashi

1988 *Small-Type Coastal Whaling in Japan: Report of an International Workshop*. Edmonton: Boreal Institute for Northern Studies, University of Alberta.

AWI（Animal Welfare Institute）

2012 *Humpback Whaling in Bequia, St Vincent and the Grenadines: the IWC's Failed Responsibility*. 19pp. 〈http: //awionline. org/sites/default/files/uploads/documents/SVGReport072012. pdf〉 Accessed September 12, 2012.

Bockstoce, John R.

1984 From Davis Strait to Bering Strait: The Arrival of the Commercial Whaling Fleet in North America's Western Arctic. *Arctic* 37(4): 528-532.

Brewster, Karen（ed.）

2004 *The Whales They Give Themselves: Conversation with Harry Brower, Sr.* Fairbanks: University of Alaska Press.

Caldwell, David K. and Melba C. Caldwell

1975 Dolphin and Small Whale Fisheries of the Caribbean and West Indies: Occurrence, History and Catch Statistics with Special Reference to the Lesser Antillean Island of St. Vincent. *Journal of the Fisheries Research Board of Canada* 32: 1105-1110.

Caulfield, Richard A.

1997 *Greenlanders, Whales, and Whaling: Sustainability and Self-Determination in the Arctic*. Hanover, NH: University Press of New England.

Doyle, Chris

1996 *Sailors Guide to the Windward Islands*. 8th edition. Dunedin, FL: Cruising Guide Publications.

江上幹幸・小島曠太郎

1995 「クジラと生きる」『季刊民族学』72: 22-37.

江口信清

1991 「先住民の世界」石塚道子（編）『カリブ海世界』京都：世界思想社、31-80 頁。

1996 「カリブ海地域社会と観光」『民博通信』74: 28-37.

1998 『観光と権力—カリブ海地域社会の観光現象—』東京：多賀出版。

Fenger, Frederic A.

1917 *Alone in the Caribbean: Being the Yarn of a Cruise in the Lesser Antilles in the Sailing Canoe*. New York: George H. Doran (BiblioLife Reprints).

Ferguson, James

1990 *Grenada: Revolution in Reverse*. London: Latin America Bureau.

Freeman, Milton M.R.

1993 The International Whaling Commission, Small-type Whaling, and Coming to Terms with Subsistence. *Human Organization* 52(3): 243-251.

フリーマン、ミルトン（編著）

1989 『くじらの文化人類学—日本の小型沿岸捕鯨—』（高橋順一他訳）東京：海鳴社。

藤島法仁・松田恵明

2001 「アラスカ原住民生存捕鯨における鯨類資源の管理」『漁業経済研究』45

(3): 21-45.

Gambell, Ray

1993 International Management of Whales and Whaling: An Historical Review of the Regulation of Commercial and Aboriginal Subsistence Whaling. *Arctic* 48(2): 97-107.

Gordon, Lesley

2008 *Insight Compact Guide: St. Lucia*. Singapore: Apa Publications.

Grossman, Lawrence S.

1998 *The Political Ecology of Bananas: Contract Farming, Peasants, and Agrarian Change in the Eastern Caribbean*. Chapel Hill and London: University of North Carolina Press.

浜口　尚

1995 「捕鯨文化の継承と観光開発―カリブ海、ベクウェイ島の事例より―」合田濤・大塚和夫（編）『民族誌の現在―近代・開発・他者―』東京：弘文堂、70-86頁。

1996 「カリブ海、ベクウェイ島における観光開発の一側面」『和歌山地理』16: 40-43.

1998 「絶滅の危機を救った捕鯨ボート『レスキュー』―カリブ海、ベクウェイ島の捕鯨の現在―」『鯨研通信』400: 12-20.

2001 「カリブ海、ベクウェイ島における捕鯨と観光」石森秀三・真板昭夫（編）『エコツーリズムの総合的研究』（国立民族学博物館調査報告23）大阪：国立民族学博物館、163-179頁。

2002a『捕鯨文化論入門』京都：サイテック。

2002b「セント・ヴィンセントおよびグレナディーン諸島国バルリーのコビレゴンドウ捕鯨」『日本海セトロジー研究』12: 15-18.

2003 「セント・ヴィンセントおよびグレナディーン諸島国ベクウェイ島におけるザトウクジラ資源の利用と管理―その歴史、現状および課題―」岸上伸啓（編）『海洋資源の利用と管理に関する人類学的研究』（国立民族学博物館調査報告46）、大阪：国立民族学博物館、401-417頁。

2004 「カリブ海、セント・ヴィンセントおよびグレナディーン諸島国ベクウェイ島のザトウクジラ捕鯨―2003年の2大変化をめぐって―」『和歌山地理』24: 1-8.

2006 「カリブ海、セント・ヴィンセントおよびグレナディーン諸島国セント・ヴィンセント島における小型鯨類捕鯨―その歴史、現況および課題について―」『園田学園女子大学論文集』40: 63-71.

2008 「反アザラシ漁運動をめぐる一考察―その歴史的経緯と現況について―」『園田学園女子大学論文集』42: 233-246.

2011 「モバイル時代の鯨捕り―カリブ海、ベクウェイ島の事例より―」松本博之（編）『海洋環境保全の人類学―沿岸水域利用と国際社会―』（国立民族学博物館調査報告97）大阪：国立民族学博物館、225-236頁。

2012a「先住民生存捕鯨再考」岸上伸啓（編）『捕鯨の文化人類学』東京：成山堂書店、45-63頁。

2012b「カリブ海・ベクウェイ島における先住民生存捕鯨」岸上伸啓（編）『捕鯨の文化人類学』東京：成山堂書店、83-101頁。

2013a「サンダーバードは再びマカーの地に舞い降りるのか？―マカー捕鯨の歴史、現状および課題―」『園田学園女子大学論文集』47: 155-176.

2013b『先住民生存捕鯨再考―国際捕鯨委員会における議論とベクウェイ島の事例を中心に―』博士学位請求論文、葉山：総合研究大学院大学、389頁。

2015 「ホエール・ウォッチング―小さな捕鯨の島・ベクウェイ島の厄介な問題―」『園田学園女子大学論文集』49: 55-65.

Hamaguchi, Hisashi

1997 Whaling and Tourism Development in Bequia Island, St. Vincent and the Grenadines: A Report. *Sonoda Journal* 32(I): 27-36.

2001 Bequia Whaling Revisited: To the Memory of the Late Mr. Athneal Ollivierre. *Sonoda Journal* 36: 41-57.

2005 Use and Management of Humpback Whales in Bequia, St. Vincent and the Grenadines. In Nobuhiro Kishigami and James M. Savelle (eds.), *Indigenous Use and Management of Marine Resources* (*Senri Ethnological Studies*) 67: 87-100.

2013a Aboriginal Subsistence Whaling Revisited. In Nobuhiro Kishigami, Hisashi

Hamaguchi and James M. Savelle (eds.), *Anthropological Studies of Whaling* (*Senri Ethnological Studies*) 84: 81–99.

2013b Aboriginal Subsistence Whaling in Bequia, St. Vincent and the Grenadines. In Nobuhiro Kishigami, Hisashi Hamaguchi and James M. Savelle (eds.), *Anthropological Studies of Whaling* (*Senri Ethnological Studies*) 84: 137–154.

Henderson, David A.

1984 Nineteenth Century Gray Whaling: Grounds, Catches and Kills, Practices and Depletion of the Whale Population. In Mary Lou Jones, Steven L. Swartz and Stephen Leatherwood (eds.), *The Gray Whale: Eschrichtius robustus*. Orland, FL: Academic Press, pp.159–186.

Hoyt, Eric and Glen T. Hvenegaard

2002 A Review of Whale-Watching and Whaling with Application for the Caribbean. *Coastal Management* 30: 381–399.

池谷和信

2006 「シベリア北東部におけるチュクチの海獣狩猟の人類学」『第20回北方民族文化シンポジウム報告』網走：（財）北方文化振興協会、35-41頁。

2007a「人類の生態と地球環境問題—ポスト社会主義下におけるクジラの利用と保護—」煎本孝・山岸俊男（編）『現代文化人類学の課題—北方研究からみる—』京都：世界思想社、100–125頁。

2007b「人類の生態とテリトリー—極北の民チュクチからの展望—」秋道智彌（編）『資源とコモンズ』（資源人類学８）東京：弘文堂、89–113頁。

2008 「チュクチ—ベーリング海峡のクジラ猟企業の再編—」『季刊民族学』124: 14–18.

Ikuta, Hiroko

2007 Iñupiaq Pride: *Kivgiq* (Messenger Feast) on the Alaskan North Slope. *Études/Inuit/Studies* 31(1–2): 343–364.

IMF (International Monetary Fund)

1995 *St. Vincent and the Grenadines—Statistical Annex*. IMF Staff Country Report NO.96/139. Washington, D.C.: International Monetary Fund.

石塚道子

1988 「カリブ海地域の社会と文化—多様な民族と言語—」『地理』33(7): 20-27.

1991 「カリブ海世界とは」石塚道子（編）『カリブ海世界』京都：世界書院、1-30 頁。

岩本久則

1996 「鯨者連誕生、日本初・WW ツアーの内幕」鯨者連（編著）『鯨イルカ雑学ノート—観る／触る／蒐める—』東京：ダイアモンド社、10-24 頁。

岩崎まさみ

2001 「捕鯨問題における文化的対立の構造」『北海学園大学人文論集』19: 1-28.

2005 『人間と環境と文化—クジラを軸とした一考察—』東京：清水弘文堂書房。

2010 「グリーンランドにおける捕鯨活動にみられる諸問題」『北海学園大学人文論集』46: 1-39.

2011 「先住民族による捕鯨活動」松本博之（編）『海洋環境保全の人類学—沿岸水域利用と国際社会—』（国立民族学博物館調査報告 97）大阪：国立民族学博物館、197-224 頁。

IWC（International Whaling Commission）

1950 Appendix I: International Convention for the Regulation of Whaling. *Report of the International Whaling Commission* 1: 9-19.

1966 Appendix III: Chairman's Report of the Sixteenth Meeting. *Report of the International Whaling Commission* 16: 15-22.

1975 A Re-arranged Schedule. IWC/25/10. 12pp.

1977 Chairman's Report of the Twenty-Seventh Meeting. *Report of the International Whaling Commission* 27: 6-15.

1978a Chairman's Report of the Twenty-Ninth Meeting. *Report of the International Whaling Commission* 28: 18-37.

1978b Report of the Scientific Committee. *Report of the International Whaling Commission* 28: 38-89.

1979a Chairman's Report of the Special Meeting, Tokyo, December 1977. *Report of the International Whaling Commission* 29: 2-6.

1979b Chairman's Report of the Thirtieth Annual Meeting. *Report of the*

International Whaling Commission 29: 21-37.

1980a Chairman's Report of the Special Meeting, Tokyo, December 1978. *Report of the International Whaling Commission* 30: 2-9.

1980b Chairman's Report of the Thirty-First Annual Meeting. *Report of the International Whaling Commission* 30: 25-41.

1981a Chairman's Report of the Thirty-Second Annual Meeting. *Report of the International Whaling Commission* 31: 17-40.

1981b Annex G: Report of the Sub-Committee on Protected Species and Aboriginal Subsistence Whaling. *Report of the International Whaling Commission* 31: 133-139.

1981c Report of the *Ad Hoc* Technical Committee Working Group on Development of Management Principles and Guidelines for Subsistence Catches of Whales by Indigenous (Aboriginal) Peoples. IWC/33/14. 30pp.

1982a Chairman's Report of the Thirty-Third Annual Meeting. *Report of the International Whaling Commission* 32: 17-42.

1982b *Aboriginal/Subsistence Whaling (with special reference to the Alaskan and Greenland Fisheries), Report of the International Whaling Commission Special Issue 4*. Cambridge: International Whaling Commission.

1983 Chairman's Report of the Thirty-Fourth Annual Meeting. *Report of the International Whaling Commission* 33: 20-42.

1984 Chairman's Report of the Thirty-Fifth Annual Meeting. *Report of the International Whaling Commission* 34: 13-34.

1985 Report of the Scientific Committee. *Report of the International Whaling Commission* 35: 31-58.

1986a Chairman's Report of the Thirty-Seventh Annual Meeting. *Report of the International Whaling Commission* 36: 10-29.

1986b Report of the Scientific Committee. *Report of the International Whaling Commission* 36: 30-55.

1987 Chairman's Report of the Thirty-Eighth Annual Meeting. *Report of the*

International Whaling Commission 37: 10–27.

1988 Chairman's Report of the Thirty-Ninth Annual Meeting. *Report of the International Whaling Commission* 38: 10–31.

1989 Chairman's Report of the Fortieth Annual Meeting. *Report of the International Whaling Commission* 39: 10–32.

1991 Chairman's Report of the Forty-Second Meeting. *Report of the International Whaling Commission* 41: 11–50.

1994 Chairman's Report of the Forty-Fifth Annual Meeting. *Report of the International Whaling Commission* 44: 11–39.

1997 Chairman's Report of the Forty-Eighth Annual Meeting. *Report of the International Whaling Commission* 47: 17–55.

1998 Chairman's Report of the Forty-Ninth Annual Meeting. *Report of the International Whaling Commission* 48: 17–51.

1999 Chairman's Report of the Fiftieth Annual Meeting. *Annual Report of the International Whaling Commission* 1998: 3–49.

2000a Chairman's Report of the Fifty-First Annual Meeting. *Annual Report of the International Whaling Commission* 1999: 7–57.

2000b Schedule to the International Convention for the Regulation of Whaling 1946. *Annual Report of the International Whaling Commission* 1999: 77–90.

2001a Chairman's Report of the Fifty-Second Annual Meeting. *Annual Report of the International Whaling Commission* 2000: 11–63.

2001b Report of the Scientific Committee. *Journal of the Cetacean Research and Management (Supplement)* 3: 1–76.

2003a Chair's Report of the 54th Annual Meeting. *Annual Report of the International Whaling Commission* 2002: 5–53.

2003b Annex C: Report of the Aboriginal Subsistence Whaling Sub-Committee. *Annual Report of the International Whaling Commission* 2002: 62–75.

2003c Schedule to the International Convention for the Regulation of Whaling 1946. *Annual Report of the International Whaling Commission* 2002: 131–144.

2004 Annex D: Report of the Aboriginal Subsistence Whaling Sub-Committee. *Annual Report of the International Whaling Commission* 2003: 78-84.

2005a Chair's Report of the 56th Annual Meeting. *Annual Report of the International Whaling Commission* 2004: 5-58.

2005b Schedule to the International Convention for the Regulation of Whaling 1946. *Annual Report of the International Whaling Commission* 2004: 143-156.

2008a Chair's Report of the 59th Annual Meeting. *Annual Report of the International Whaling Commission* 2007: 7-62.

2008b Schedule to the International Convention for the Regulation of Whaling 1946. *Annual Report of the International Whaling Commission* 2007: 147-160.

2009 Chair's Report of the 60th Annual Meeting. *Annual Report of the International Whaling Commission* 2008: 5-46.

2010 Chair's Report of the 61st Annual Meeting. *Annual Report of the International Whaling Commission* 2009: 5-47.

2011a Chair's Report of the 62nd Annual Meeting. *Annual Report of the International Whaling Commission* 2010: 5-39.

2011b Annex E: Proposed Consensus Decision to Improve the Conservation of Whales from the Chair and Vice-Chair of the Commission. *Annual Report of the International Whaling Commission* 2010: 56-78.

2012a Agenda Items at IWC/64 as of Friday, 6 July 2012. IWC/64/Status. 34pp.

2012b Proposal by the Russian Federation, St. Vincent and the Grenadines and the United States of America. IWC/64/10. 1p.

2013a Chair's Report of the 64th Annual Meeting. *Annual Report of the International Whaling Commission* 2012: 7-67.

2013b Annex N: Amendments to the Schedule Adopted at the 64th Annual Meeting. *Annual Report of the International Whaling Commission* 2012: 152.

2013c International Convention for the Regulation of Whaling. *Annual Report of the International Whaling Commission* 2012: 165–168.

2014a Report of the Scientific Committee. *Journal of Cetacean Research and Management* (*Supplement*) 15: 1–75.

2014b Report of the Scientific Committee. IWC/65/Rep01. 96pp.

2014c Report of the Aboriginal Subsistence Whaling Sub-Committee. IWC/65/Rep03. 12pp.

2014d Chair's Report from Ad Hoc Aboriginal Subsistence Whaling Working Group Meeting with Native Hunters. IWC/65/ASW Rep01 Rev1. 8pp.

2014e Schedule Amendment Submitted by the Kingdom of Denmark. IWC/65/16. 1p.

2014f Status of Agenda Items at IWC/65 as of Thursday, 18 September 2014. IWC/65/Satus. 26pp.

2014g Chair's Report of the 65th Meeting. 42pp. (PDF version dated 31 October 2014.)

Junger, Sebastian

1995 The Whale Hunters. *Outside Magazine* October, 1995. 〈http: //outside. away. com/outside/magazine/1095/10f_whal. html〉 Accessed June 18, 2007.

加茂雄三

1996 『地中海からカリブ海へ』（これからの世界史６）東京：平凡社。

van de Kasteele, Adelien

1998 The Banana Chain: The Macro Economics of the Banana Trade. Conference Document, International Banana Conference, Brussels 4 – 6 May, 1998. 〈http://bananas.agoranet.be/MacroEconomics.htm〉 Accessed March 21, 2000.

河島基弘

2011 『神聖なる海獣―なぜ鯨が西洋で特別扱いされるのか―』京都：ナカニシヤ出版。

岸上伸啓

2007 「クジラ資源はだれのものか―アラスカ北西部における先住民捕鯨をめぐ

るポリティカル・エコノミー―」秋道智彌（編）『資源とコモンズ』（資源人類学 8 ）東京：弘文堂、115-136 頁。

2008a「アラスカ先住民イヌピアックの捕鯨とクジラ料理」『vesta』74: 54-56.

2008b「北アメリカ極北地域の動物と民族文化―アザラシとカリブー、ホッキョククジラ、犬を中心に―」池谷和信・林 良博（編）『野生と環境』（ヒトと動物の関係学 第 4 巻）東京：岩波書店、141-161 頁。

2009a「文化の安全保障の視点から見た先住民生存捕鯨に関する予備的考察―アメリカ合衆国アラスカ北西地域の事例から―」『国立民族学博物館研究報告』33(4): 493-550.

2009b「アラスカ先住民イヌピアックとホッキョククジラの関係の歴史的変化」『人文地理』61(5): 64-67.

2011a「米国アラスカ州バロー村におけるイヌピアットの祝宴アプガウティについて」『人文論究』80: 97-110.

2011b『北極海の狩人たち―クジラとイヌピアットの人々―』札幌市：風土デザイン研究所。

2012a「米国アラスカ州バロー村のイヌピアットによるホッキョククジラ肉の分配と流通について」『国立民族学博物館研究報告』36(2): 147-179.

2012b「米国アラスカ州バロー村におけるイヌピアットの捕鯨グループについて―その運営と社会構成を中心に―」『人文論究』81: 1-12.

2014a「アラスカ北西地域におけるイヌピアットの食料の安全保障問題」『人文論究』83: 75-84.

2014b『クジラとともに生きる―アラスカ先住民の現在―』（フィールドワーク選書 3 ）京都：臨川書店。

小松正之（編著）

2001　『くじら紛争の真実―その知られざる過去・現在、そして地球の未来―』東京：地球社。

小松正之

2002　『クジラと日本人』東京：青春出版社。

2005　『よくわかるクジラ論争―捕鯨の未来をひらく―』東京：成山堂書店。

2010　『世界クジラ戦争』東京：PHP 研究所。

Mitchell, James F.

1989 *Caribbean Crusade: A Series of Speeches*. Waitsfield, Vermont: Concepts Publishing.

1996 *Guiding Change in the Islands: A Collection of Speeches 1989-1996*. Waitsfield, Vermont: Concepts Publishing.

2006 *Beyond the Islands: An Autobiography*. Cambridge: Macmillan.

Mitchell, Edward and Randall R. Reeves

1980 The Alaskan Bowhead Problems: A Commentary. *Arctic* 33(4): 686-723.

水口憲哉

1996 「海とクジラへのかかわり方の多様性と水産資源」北原武（編著）『クジラに学ぶ―水産資源を巡る国際情勢―』東京：成山堂書店、63-79頁。

森下丈二

2002 『なぜクジラは座礁するのか？―「反捕鯨」の悲劇―』東京：河出書房新社。

森田勝昭

1994 『鯨と捕鯨の文化史』名古屋：名古屋大学出版会。

長崎福三

1984 「原住民捕鯨と沿岸捕鯨」『鯨研通信』358: 111-119.

1994 『肉食文化と魚食文化―日本列島に千年住みつづけられるために―』（人間選書183）東京：農山漁村文化協会。

中村庸夫

1991 『鯨ウォッチング＆タッチング―豪快な"海の王者"との出会い―』東京：講談社。

大曲佳世

2002 「政治的資源としての鯨―ある資源利用の葛藤―」秋道智彌・岸上伸啓（編）『紛争の海―水産資源管理の人類学―』京都：人文書院、231-255頁。

2003 「鯨類資源の利用と管理をめぐる国際的対立」岸上伸啓（編）『海洋資源の利用と管理に関する人類学的研究』（国立民族学博物館調査報告46）、大阪：国立民族学博物館、419-452頁。

2006 「ロリノ村訪問記」『鯨研通信』430: 1-9.

Ohmagari, Kayo

2005　Whaling Conflicts: The International Debate. In Nobuhiro Kishigami and James M. Savelle (eds.), *Indigenous Use and Management of Marine Resources* (*Senri Ethnological Studies*) 67: 145-178.

Price, Neil

1988　*Behind the Planter's Back: Lower Class Responses to Marginality in Bequia Island, St Vincent.* London and Basingstoke: Caribbean Macmillan.

Price, Wm. Stephan

1985　Whaling in the Caribbean: Historical Perspective and Update. *Report of the International Whaling Commission* 35: 413-420.

Reeves, Randall R., Steven L. Swartz, Sara Wetmore, and Philip J. Clapham

2001　Historical Occurrence and Distribution of Humpback Whales in the Eastern and Southern Caribbean Sea, Based on Data from American Whaling Logbook. *Journal of Cetacean Research and Management* 3 (2): 117-129.

Reeves, Randall R.

2002　The Origins and Character of 'Aboriginal Subsistence' Whaling: A Global View. *Mammal Review* 32: 71-106.

Reeves, Randall R. and Tim D. Smith

2002　Historical Catches of Humpback Whales in the North Atlantic Ocean: An Overview of Sources. *Journal of Cetacean Research and Management* 4 (3): 219-234.

Sakakibara, Chie

2010　*Kiavallakkikput Agviq* (Into the Whaling Cycle): Cetaceousness and Climate Change among the Iñupiat of Arctic Alaska. *Annals of the Association of American Geographers* 100(4): 1003-1012.

島　一雄

1996　「九年間・逆転ホームランを願って全力投球」『水産世界』1996年6月号、25-30頁。

清水昭俊

2008 「先住民、植民地支配、脱植民地化—国際連合先住民権利宣言と国際法—」『国立民族学博物館研究報告』32(3): 307-503.

SVG (The Government of Saint Vincent and the Grenadines)

2002a The Regulation of Aboriginal Subsistence Whaling in Bequia. IWC/54/AS 8 rev2. 3pp.

2002b Bequian Whaling: A Statement of Need. IWC/54/AS 7 rev. 5pp.

SVG Department of Tourism

n.d. *Tourism Statistical Report 1994*. 16pp.

SVG Statistical Office

2014 *2012 Population and Housing Census: Preliminary Report*. Kingstown: Ministry of Finance and Economic Planning. 54pp.

Takahashi, Junichi

1998 English Dominance in Whaling Debates: A Critical Analysis of Discourse at the International Whaling Commission. *Japan Review* 10: 237-253.

高橋美野梨

2009 「闘争の場としての捕鯨—規制帝国EUとデンマーク/グリーンランド—」『国際政治経済学研究』24: 41-57.

武田　剛

1998 「極東ロシアの先住民たちは今—ソ連崩壊から6年、クジラとトナカイを追う村を訪ねて—」『地理』43(8): 71-78.

田中敏郎

2000 「世界のなかにおけるEU」島野卓爾・岡村尭・田中俊郎（編著）『EU入門—誕生から、政治・法律・経済まで—』東京：有斐閣、275-296頁。

Thomsen, Thomas Carl

1988 *Tales of Bequia*. New York: Cross River Press.

Tillman, Michael F.

2008 The International Management of Aboriginal Whaling. *Reviews in Fisheries Science* 16(4): 437-444.

植木不等式

1996 「子供とWW行為」鯨者連（編著）『鯨イルカ雑学ノート—観る/触る/

蒐める―』東京：ダイアモンド社、101-109頁。

Ugarte, Fernando

2007　White Paper on Hunting of Large Whales in Greenland. IWC/59/ASW/8 rev. 34pp.

USA（The Government of United States of America）

2002　Quantification of Subsistence and Cultural Need for Bowhead Whales by Alaska Eskimos: 1997 Update Based on 1997 Alaska Department of Labor Data. IWC/54/AS1. 15pp.

Ward, Natalie F. R.

1986　The Whalers of Bequia. *Oceanus* 30(4): 89-93.

1995　*Blows, Mon, Blows!: A History of Bequia Whaling.* Woods Hole, Massachusetts: Gecko Productions.

Wilson, David

1996　Glimpses of Caribbean Tourism and the Question of Sustainability in Barbados and St Lucia. In Lino Briguglio, Richard Butler, David Harrison and Water Leal Filho (eds.), *Sustainable Tourism in Islands & Small States: Case Studies.* London and New York: Pinter, pp.75-102.

山下渉登

2004　『捕鯨Ｉ』（ものと人間の文化史120-I）東京：法政大学出版局。

横山昭市

1988　「カリブ海の地政学」『地理』33(7): 13-19.

Young, Oran R., Milton M.R. Freeman, Gail Osherenko, Raoul R. Anderson, Richard A. Caulfield, Robert L. Friedheim, Steve J. Langdon, Mats Ris and Peter J. Usher

1994　Subsistence, Sustainability, and Sea Mammals: Reconstructing the International Whaling Regime. *Ocean & Coastal Management* 23: 117-127.

初出一覧

序章

（博士論文のための書き下ろし）

第 1 章　先住民生存捕鯨研究への視座

（博士論文のための書き下ろし）

第 2 章　先住民生存捕鯨―歴史と現状―

「先住民生存捕鯨再考」岸上伸啓（編）『捕鯨の文化人類学』東京：成山堂書店、45-63 頁、2012 年。

第 3 章　セント・ヴィンセントおよびグレナディーン諸島国ベクウェイ島の先住民生存捕鯨―国際捕鯨委員会における議論―

「カリブ海・ベクウェイ島における先住民生存捕鯨」岸上伸啓（編）『捕鯨の文化人類学』東京：成山堂書店、83-101 頁、2012 年。

第 4 章　ベクウェイ島捕鯨民族誌

「カリブ海、ベクウェイ島における捕鯨と観光」石森秀三・真板昭夫（編）『エコツーリズムの総合的研究』（国立民族学博物館調査報告 23）大阪：国立民族学博物館、163-179 頁、2001 年。

「セント・ヴィンセントおよびグレナディーン諸島国ベクウェイ島におけるザトウクジラ資源の利用と管理―その歴史、現状および課題―」岸上伸啓（編）『海洋資源の利用と管理に関する人類学的研究』（国立民族学博物館調査報告 46）、大阪：国立民族学博物館、401-417 頁、2003 年。

「カリブ海、セント・ヴィンセントおよびグレナディーン諸島国ベクウェイ島のザトウクジラ捕鯨―2003 年の 2 大変化をめぐって―」『和歌山地理』第 24 号、1-8 頁、2004 年。

「モバイル時代の鯨捕り―カリブ海、ベクウェイ島の事例より―」松本博之（編）『海洋環境保全の人類学―沿岸水域利用と国際社会―』（国立民族学博物館

調査報告97）大阪：国立民族学博物館、225-236頁、2011年。

「ホエール・ウォッチング―小さな捕鯨の島・ベクウェイ島の厄介な問題―」『園田学園女子大学論文集』第49号、55-65頁、2015年。

第5章　先住民生存捕鯨の将来

（博士論文のための書き下ろし）

なお、本書に収めるに際して、全ての文章を改編、加筆、修正している。また、一部重複している箇所があることをお断りしておく。

著者紹介

浜口　尚（はまぐち・ひさし）

1955年、和歌山県生まれ
1978年、関西学院大学社会学部卒業
1983年、東京都立大学大学院社会科学研究科修士課程修了
2013年、博士（文学）総合研究大学院大学
現在、園田学園女子大学短期大学部教授
専攻、文化人類学・捕鯨文化論

先住民生存捕鯨の文化人類学的研究
―国際捕鯨委員会の議論とカリブ海ベクウェイ島の事例を中心に―

2016年(平成28年)7月　第1刷　600部発行　定価[本体3000円+税]
著　者　浜口　尚

発行所　有限会社岩田書院　代表：岩田　博　http://www.iwata-shoin.co.jp
〒157-0062 東京都世田谷区南烏山4-25-6-103　電話03-3326-3757 FAX03-3326-6788
組版・印刷・製本：亜細亜印刷

ISBN978-4-86602-969-6　C3039　¥3000E